SCHLEPPER
im Hamburger Hafen
AF308421

Für die Unterstützung, bzw. Tolerierung meiner Arbeit danke ich:
Frau Pangritz, Herrn Albrecht, Herrn Hellms, Herrn Schick, Herrn Schmidt,
Peter Jacob, Herrn Stegemann, Herrn Jakobi, Herrn Harms, Herrn Büker, Michael,
Roy, Jan, Drees, Abdul, Andreas, Friedrich, Lars, Reinhold, Martin, Jan, Harald, Jan,
Daniel, Danny, Vinzenz, Marcel, Heino, Hubert, Uwe, Pièrre, Kevin, Glen, Siegfried,
Frau Myland, Herrn Jochmann

Bezugsquellen:
Beobachtungen des Autors im Hafen, auf der Hitzler Werft, in der Hamburger Schiffbau-
Versuchsanstalt und an Bord der Fahrzeuge.
Gespräche mit beteiligten Personen, die spontan geführt
wurden, deren Inhalte jedoch rechtlich unverbindlich sind.

Es wurde versucht, die Dinge richtig darzustellen
und Fehler zu vermeiden.
Irrtümer behalten sich alle beteiligten Personen, sowie ich mir vor.

Texte, Fotos (Ausnahmen: Heinos Foto auf Seite 56 und in Vorsatz,
sowie ein Foto der Hamburger Schiffbau-Versuchsanstalt auf Seite 131)
Illustrationen, Grafiken, Satz und Layout: Konrad Algermissen

Mitteilungen sind jederzeit willkommen an E-Mail: konradalgermissen@alice-dsl.net
Aktuelle Angebote und Informationen gibt es auch unter: www.schlepperbuch.de
www.algermissen-illustration.de

Herstellung und Verlag:
BoD - Books on Demand, Norderstedt

ISBN 978-3-7431-6446-8

CHR NEHLS
H 4806
CHRISTIAN NEHLS

Eine Hafenanlage wird instandgehalten

Für mich sind Pontons und Fähranleger immer wie selbstverständlich vorhanden. Immer sauber, sicher und gepflegt, im Winter bei Glätte mit Sand abgestreut. Die Kaianlagen stehen aufrecht und sicher. Die freien Uferzonen sind mit Buschwerk und großen Steinen ordentlich befestigt. Leuchtfeuer und Fahrwassertonnen sind immer störungsfrei in Betrieb. Markierungen und öffentliche Hinweisschilder sind einwandfrei vorhanden. Selbst bei Eisgang gibt es bei der Abfertigung der Seeschiffe, dem Betrieb der Schleusen und Sperrwerke, sowie im Fährverkehr keine schwerwiegenden Beeinträchtigungen. Wer den Hamburger Hafen näher untersucht, gelangt zu der Erkenntnis, dass es sich hier um eine sehr effizient funktionierende Anlage handelt, instandgehalten von Fachleuten der Hamburg Port Authority - abgekürzt HPA. So heißt diese Anstalt des öffentlichen Rechts seit 2005. Zuvor war es das Amt für Strom- und Hafenbau.

Für die Beförderung von Schuten mit Baggergut, sowie das Verholen von Werkstatt-Prähmen, Baggern und anderen Gerätschaften, werden Schlepper eingesetzt. Diese Schlepper sind gleichwohl als Eisbrecher konstruiert. Mit diesen Spezialschiffen werden bei Eisgang auch Schleusen und Flutsperrwerke von festsitzendem Eis befreit, damit die Funktion dieser Anlagen gewahrt bleibt.
Die Menschen an Bord der Fahrzeuge, in den Werkstätten und Leitstellen der HPA, verstehen ihr Handwerk.
Sie sind mit dem Revier des Hamburger Hafens bestens vertraut. Ihr Einsatz bildet die Voraussetzung für die Reibungslosigkeit der täglichen Abläufe im Hafen.
Ihr Engagement hat mich beeindruckt und verdient die Anerkennung der Öffentlichkeit.

HPA-Nautische Zentrale und Lotsenstation am Seemannshöft

HPA-Standort in Finkenwerder

Der Hamburger Hafen und die Standorte der HPA

13 mm = 1 km   0   1   2   3   4   5 km

HPA-Betriebsinspektion W41 an der Überseebrücke

HPA-Werft in Harburg

HPA-Standort am Lübecker Ufer

HAFENBAU 2

Mit Anhang gegen Tidenstrom und Wind

Montag, 2. März 2015:
Um 8.30 Uhr hatten wir Niedrigwasser.
Die erste Flut lief nun kräftig auf.
Hinzu kam ein steifer Westwind, so etwa
um Stärke 7.
Auf der Norderelbe strebte der Schlepper
HAFENBAU 2 mit einem sperrigen
Anhang gegen Strömung und Wind in
Richtung Westen. Der Anhang, ein
Brückenreparatur-Prahm, kurz BRP
genannt, sollte zu einem Pontonanleger in
den Finkenwerder Vorhafen, nahe der
Saugerstation gebracht werden.

Für diese Fahrt und unter diesen
Bedingungen wurde der BRP, dessen
kastenförmiger Rumpf einen großen
Strömungswiderstand bot, nicht seitlich
geführt, sondern in Schlepp genommen.
Dennoch scheerte das Objekt immer
wieder aus. Allerdings war hier genügend
Platz vorhanden, sodass kein anderes
Fahrzeug gefährdet werden konnte.
Schiffsführer Michael, dessen Name in
englischer Art als "Meikel" ausgesprochen
wird, ist seit mehreren Jahrzehnten dabei.
Er ist mit diesem Schiff und mit den
natürlichen Bedingungen auf der Elbe
vertraut. Über die vielen Jahre bringt die
tägliche Arbeit auch sämtliche Ortskennt-
nisse mit sich. Zudem kennt Michael viele
Leute, die hier im Hafen arbeiten und auf
dem Wasser unterwegs sind.
Michael ist Hafenschiffer. Dieses Patent
ist für diese Arbeit erforderlich. Es bezieht
sich auf das Revier des Hamburger Hafens
und muss durch eine spezielle Ausbildung
erworben werden.

*Am Betriebsstandort Lübecker Ufer
wurde morgens der Anhang übernommen.*

Im Vorschiff unter Deck demonstrierte Roy die Platzverhältnisse.

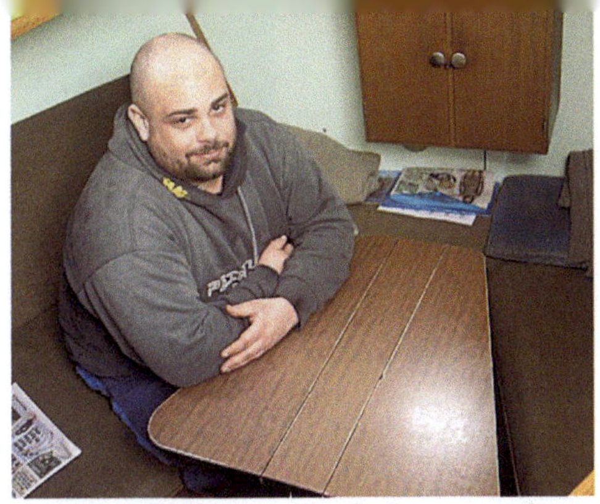

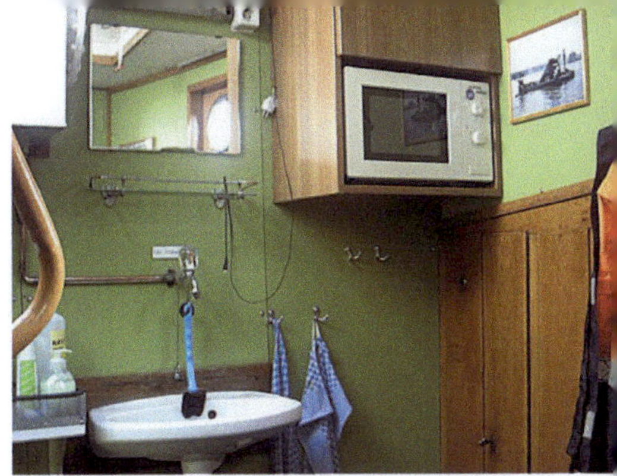

Roy war der zweite Mann an Bord.
Als Maschinist und Decksmann vertrat er zur Zeit einen Kollegen, der sich im Urlaub befand.
Dieser Schlepper hat also eine Stammbesatzung von zwei Personen, die in Urlaubszeiten oder in Krankheitsfällen von Kollegen vertreten werden.
Normalerweise befinden sich Schiff und Besatzung im Tagesdienst. Dieser beginnt um 6.45 Uhr und endet um 15.15 Uhr. Ausnahmen gibt es, wenn zum Beispiel im Winter, bei Eisgang Eis gebrochen werden muss. Dann wird mitunter, je nach Eissituation, rund um die Uhr, in Schichten zu jeweils 12 Stunden gefahren.

In der Kabine gab es auch eine Waschmöglichkeit und einen Mikrowellenherd.

Das ist auf diesem recht kleinen Fahrzeug alles andere als komfortabel, obwohl schon einiges getan wurde, um das Bordleben erträglich zu gestalten. So wurde die sogenannte Logis, also die kleine Unterkunft im Vorschiff, wärmegedämmt und mit hellgrün beschichteten MDF-Platten sauber ausgekleidet. An die seitlichen Verkleidungsflächen hatte der Maschinist der Stammbesatzung Bilder mit Schiffsmotiven angebracht. Der kleine Raum war mit Einbaubänken, einem fest montieren Tisch und einem Waschbecken ausgestattet. Es gab sogar einen Microwellenherd. “Hier hatten wir uns mal Currywürste heiß gemacht”, erzählte Michael “und die schmeckten gar nicht so schlecht!”

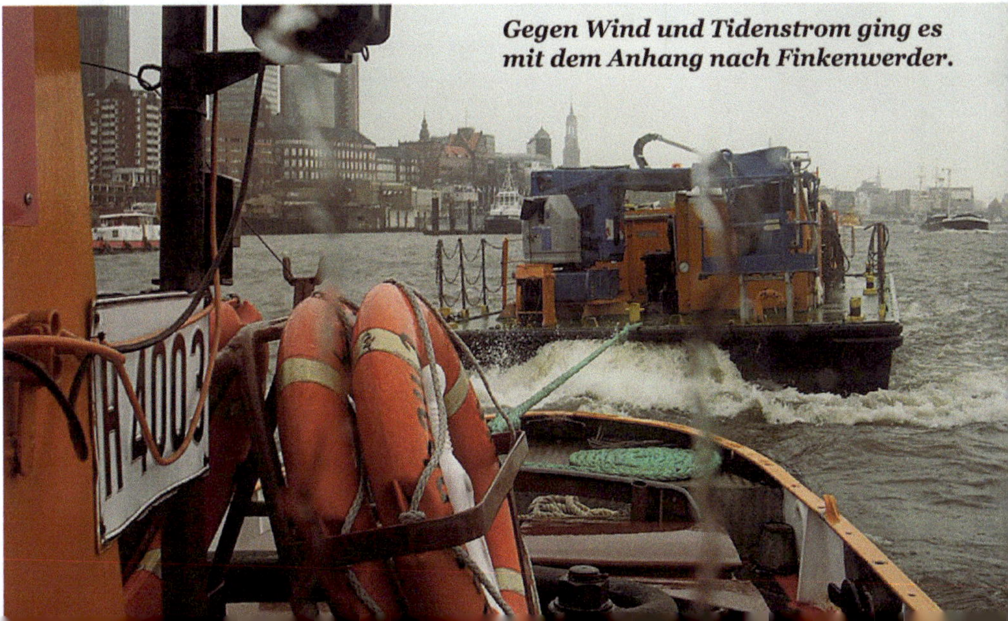

Gegen Wind und Tidenstrom ging es mit dem Anhang nach Finkenwerder.

*HPA-Dienstfahrzeug
des Hafenkapitäns*

*Auch der Lotsendienst
ist ein Arbeitsbereich
der HPA.*

Ich hatte an diesem Tag das Glück und die Gelegenheit, als Gast und Beobachter auf dem Schlepper HAFENBAU 2 mitfahren zu dürfen.

HAFENBAU 2 ist ein Fahrzeug der "Hamburg Port Authority".

Die HPA gliedert sich in mehrere Bereiche. Das Bau-und Instandhaltungswesen, zu dem auch unser Schlepper gehört, war bis vor wenigen Jahren unter dem Begriff "Strom- und Hafenbau" bekannt.

Diese Bezeichnung war gleichzeitig die Beschreibung des Arbeitsbereiches und erklärte sich von selbst. Es wird also die Infrastruktur des Hafens instandgehalten. "Port Authority" ist dagegen ein internationaler Begriff. Dieser wurde für die Schifffahrt in allen Welthäfen einheitlich eingeführt. Unter diesem Begriff findet jeder Kapitän, unabhängig von seiner Herkunft oder Muttersprache, für jede Information oder Dienstleistung sofort den richtigen Ansprechpartner.

Daher also die Umbenennung.

Die Betriebsinspektion W41 der Hafeninstandhaltung befindet sich direkt am Wasser. Hier besteht ein unmittelbarer Kontakt zu allen Arbeiten. Kleintransporte und Personalverkehr werden per Barkasse durchgeführt.

An diesem Morgen hatte ich zunächst, zusammen mit der Auszubildenden Malina und dem Praktikanten Janik, an einer Sicherheitsunterweisung teilgenommen. Die Unterweisung fand direkt in der Betriebsinspektion W41 statt, einem flachen Gebäude, das sich auf einem Ponton, nahe der Überseebrücke befindet. Dabei ging es in erster Linie um die Funktion und Handhabung der Rettungswesten. Eine solche Weste hatte ich nun angelegt. Der Indikator zeigte eine grüne Markierung. Die Automatik würde im Notfall, also falls ich über Bord gehen sollte dafür sorgen, dass sich die Weste in Sekundenschnelle aufblasen würde.

Von Herrn Albrecht, dem Leiter der Dienststelle, erhielt ich sogar die Zusage, während der gesamten Woche auf den Fahrzeugen der HPA dabei sein zu dürfen. So behielt ich die Rettungsweste (nicht ganz ohne Stolz) während dieser Zeit als meine persönliche Schutzausrüstung bei mir.

Den Schlepper HAFENBAU 2 hatte ich bereits während der letzten drei oder vier Jahre ab und zu aus einer gewissen Entfernung beobachtet.

Das allererste Mal sah ich ihn von der Überseebrücke aus, von Osten mit einem Anhang auf mich zukommen. Im ersten Moment war ich mir damals nicht sicher gewesen, ob es sich nicht um ein Festmacherboot handeln würde. Natürlich war dies nicht der Fall, wie ich es auch gleich beim zweiten Hinschauen bemerkte. Von vorn gesehen wirkt dieses ohnehin kleine Schiff um so unscheinbarer. Insgesamt hat der Schlepper jedoch eine recht ansprechende Form. Mir gefällt der cremeweiße Anstrich des Ruderhauses. Das Gelborange dieser Hafenfahrzeuge gilt bei vielen Beteiligten in ästhetischer Hinsicht als umstritten. Ich persönlich kann mich damit arrangieren. Immerhin sind es Baufahrzeuge und auf diese Weise kenntlich gemacht.

HAFENBAU 2 auf dem Reiherstieg

Instandhaltungsarbeiten an einem Ponton der St. Pauli Landungsbrücken

HAFENBAU 2 verfügt über einen Eis-
steven, eine schräg abfallende Bugform
unterhalb der Wasserlinie.
Damit wird das Eis durch das Eigenge-
wicht heruntergedrückt und gebrochen.

HAFENBAU 2 wurde nicht nur als Schlepper, sondern auch als Eisbrecher für den Hamburger Hafen entworfen und gebaut.

Bei dem Wort "Eisbrecher" denken wir in Europa wohl automatisch an gewaltige Schiffe aus finnischer oder russischer Fertigung, die in der nördlichen Ostsee oder im Polarmeer dafür sorgen, dass die Routen der Handelsschifffahrt in den Wintermonaten möglichst befahrbar bleiben.

In der Winterzeit können lange Kälteperioden aber auch im Hamburger Hafen zu starkem Eisgang führen. Dann gefriert das Wasser zunächst im Binnenland, also auf dem Oberlauf der Elbe.

Mit dem Strom erreicht das Eis den Hafen, wo es durch die zeitweilige Gegenströmung der Gezeiten mitunter aufgestaut wird. Bei entsprechend tiefen Temperaturen frieren dann tonnenschwere Eisbrocken zu massiven Eisfeldern zusammen.

Eisgang auf der Unterelbe

Dann muss auch in den Kanälen, vor den Sperrwerken und Schleusen, die dem Hochwasserschutz dienen, das Eis gebrochen und in Bewegung gehalten werden, damit die Anlagen betriebsbereit bleiben. Hier würde ein großer Eisbrecher garnicht hineinpassen. Selbst die mittelgroßen Hafenfahrzeuge kommen nicht in jede Ecke.

Und genau dafür wurde HAFENBAU 2 entwickelt.

Dieses Schiff wurde 1961 auf der Teltow Werft in Berlin gebaut und wird seitdem, also seit 54 Jahren in Hamburg eingesetzt. Es ist nicht verändert oder umgebaut worden. Es wurde gut gepflegt und instandgehalten. Dennoch ist es betagt. Der Schlepphaken war bereits verschlissen und musste durch einen neuen Haken ersetzt werden. Die Stärke der Außenhaut betrug noch 5 mm.

Das schien mir recht wenig zu sein.

Bei Fahrten durch das Eis wird der Stahl regelrecht abgeschliffen und mit den Jahren immer dünner.

Eiseinsatz im Niederhafen: Das Eis muss in beengten Platzverhältnissen ständig gebrochen werden, damit es in Bewegung bleibt und nicht zusammenfriert.

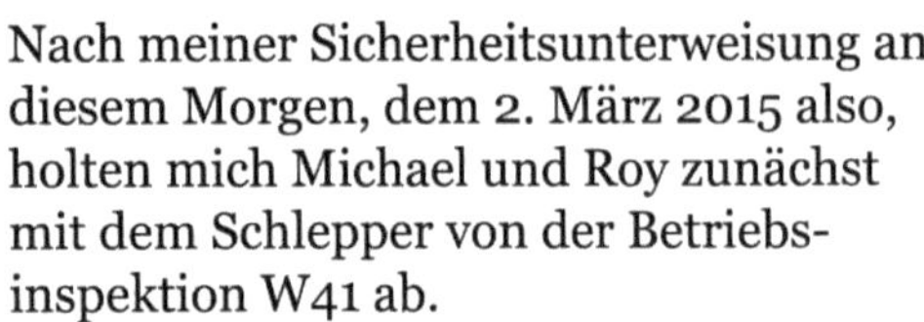

Im Hansahafen gab es auch ein Museumsschiff, den Stückgutfrachter BLEICHEN zu sehen.

Nach meiner Sicherheitsunterweisung an diesem Morgen, dem 2. März 2015 also, holten mich Michael und Roy zunächst mit dem Schlepper von der Betriebsinspektion W41 ab.

Es ging zum Lübecker Ufer, einer Anlage im östlichen Teil des Hansahafens.

Der Hansahafen ist wiederum ein Becken im östlichen Teil des Hamburger Hafens, also eine Art "kleiner Hafen" im großen Hafen.

Jedenfalls befindet sich am Lübecker Ufer ein Standort der HPA.

Hier sind mehrere Schlepper, Pontons, Prähme und Bagger untergebracht.

Hier hatte auch HAFENBAU 2 seinen festen Liegeplatz. Von hier aus sollte also an diesem Morgen der Brückenreparatur-Prahm nach Finkenwerder geschleppt werden. Jedoch sollte dort keine Brücke repariert, sondern Wartungsluken auf einem Pontonanleger umgebaut werden.

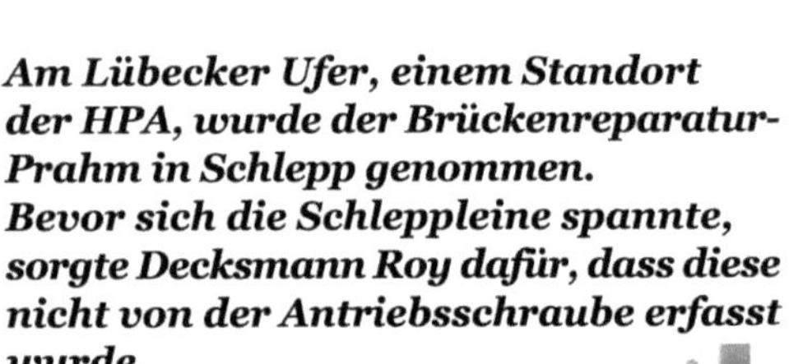

Am Lübecker Ufer, einem Standort der HPA, wurde der Brückenreparatur-Prahm in Schlepp genommen.
Bevor sich die Schleppleine spannte, sorgte Decksmann Roy dafür, dass diese nicht von der Antriebsschraube erfasst wurde.

Der Reparatur-Prahm ist mit einem
hydraulisch ausfahrbarem Ausleger
ausgerüstet. Von dessen Arbeitskorb
können an Brückenunterseiten Prüfungs-
und Instandsetzungsarbeiten durchgeführt
werden. Dieser Prahm stellt mit seinen
Aufbauten aber auch eine schwimmende
Werkstatt dar, mit der auch andere
Arbeiten durchgeführt werden können.
Das Objekt wurde in Schlepp genommen.
Die Handwerker fuhren mit und waren auf
dem Prahm untergebracht. Ich befand
mich bei Michael und Roy im kleinen
Ruderhaus des Schleppers. Hier fanden
auch drei Personen bequem Platz.
Der Schleppzug war gut zu überschauen.
Michael steuerte die Ruderhydraulik des
Schleppers mit einem kleinen Hebel und
beobachtete dabei den Vorausbereich.
Während dessen sah Roy hier und da nach
dem Rechten.
Der Hansahafen lag ruhig da und war bald
durchfahren. Es ging auf die Norderelbe
hinaus.

*Wir durchfuhren den Hansahafen und
waren bald wieder auf der Norderelbe.*

*Unser Anhang hatte ein Gewicht von 90 t
und neigte dazu, seitlich auszuscheeren.*

Der Strom zeigte sich rau und ruppig.
Wie schon gesagt, die erste Flut lief schnell
und kräftig auf und ein starker Westwind
kam uns entgegen. Der Scheibenwischer
schob Gischt und Regen hin und her. Ich
fragte, ob gegen größere Wellen auch mal
gekreuzt werden müsste, damit das Boot
nicht zu sehr krängt.
"Nein, das sei nicht nötig", sagte Michael.
"Wir kommen immer ganz gut durch".

*Die schnell auflaufende Flut brachte
raues Wasser und Regenschauer mit.
HPA-Schlepper OTTO HÖCH kam uns
mit einem Arbeitsprahm entgegen.*

HAFENBAU 2 hat eine Verdrängung von
immerhin 38,5 t. Es ist also gar kein leich-
tes Boot. Die Antriebsmaschine, ein Dieselmotor der Marke Deutz, leistet 313 PS
und treibt einen Vier-Blatt-Propeller. Unter
idealen Bedingungen beträgt die maximale
Freifahrtgeschwindigkeit 10,6 kn. Gegen
Strom und Wind und mit diesem Anhang
sinkt dieser Wert allerdings beträchtlich.
Ein Blick zum Ufer ließ uns die Fahrt über
Grund auf vielleicht 2 kn schätzen. Innerhalb der vergangenen zwei Stunden hatte
sich der größte Teil der Flut vollzogen.
Der Wasserspiegel war in kurzer Zeit um
etwa drei Meter gestiegen. Für die Distanz
vom Lübecker Ufer bis zum Seemannshöft,
der Radar- und Lotsenstation am
Finkenwerder Köhlfleethafen, hatten wir
geschlagene zwei Stunden gebraucht.
Das waren etwa 10 Kilometer, beziehungsweise 5,5 nautische Meilen.
"Das ist nun mal so", sagte Michael,
"mal geht es schneller und mal langsamer,
aber solange wir da sind klappt alles!"
Nun sollte es nach Backbord in den
Köhlfleet hineingehen. Zuvor ließen wir
noch einen Entgegenkommer passieren.
Es war ein Feederschiff, das mit der Flut
und achterlichem Wind in den Hafen kam.

*Bevor wir das Fahrwasser kreuzten,
um nach backbord im den Köhlfleet
hineinzufahren, ließen wir einen
Entgegenkommer, das Feederschiff
TINA passieren.*

Jetzt noch schnell das Fahrwasser zu kreuzen und vor seinen Bug zu laufen wäre unsinnig und fahrlässig. Den ließ Michael noch in aller Ruhe passieren, um dann sicher den Fluss zu durchkreuzen und den letzten Abschnitt der Fahrt zum Finkenwerder Vorhafen zurückzulegen. An Backbordseite passierten wir das Seemannshöft mit der Radar- und Lotsenstation. Diese Station wurde erst kürzlich erweitert. Das linke, neue Gebäude trug nun ein Schild mit der Aufschrift "Nautische Zentrale".

Die Lotsenstation mit der neuen "Nautischen Zentrale" (links im Bild)

Von der Lotsenstation werden die Hafenlotsen per Lotsenboot an Bord der Seeschiffe gebracht.

An Steuerbordseite lag Finkenwerder. Hier war die sogenannte Stackmeisterei zu sehen, ein weiterer Standort der HPA. Hier wurden Fahrwassertonnen instand-gehalten und repariert. Unter anderem lagen hier aber auch Bagger, Schuten und natürlich auch Schlepper!

Die Stackmeisterei, ein weiterer Standort der HPA, liegt in Finkenwerder.

Im Köhlfleet und dem sogenannten Vorhafen, einem Becken, welches sich nach Süden erstreckt, war das Wasser ruhig. Angeschlossen an diesen Hafenabschnitt ist auch das Stahl-, sowie das Aluminiumwerk. Von besonderer Bedeutung für die HPA ist hier die Saugerstation. Hier wird das Baggergut aus den Schuten gesaugt und auf spezielle Spülflächen gepumpt. Dafür wird meistens der neue SAUGER 3 eingesetzt. Dessen Saugpumpen werden von großen Elektromotoren angetrieben. Sauger 5 steht als Reserve mit Dieselaggregaten zur Verfügung. Unser Ziel war jedoch ein Pontonanleger, nahe dieser Anlage. Hier wurde der Reparatur-Prahm festgemacht und vom Schlepper losgeworfen. Für die nächsten Tage, also die Zeit der anstehenden Arbeiten, sollte der Prahm hier liegen bleiben. Die Arbeitsstelle wurde nun besichtigt.

Der Brückenreparatur-Prahm wurde am Pontonanleger "Aue Hauptdeich" festgemacht

Der Brückenreparatur-Prahm wurde 1981 gebaut. Er ist 14,65 m lang und 6,20 m breit. Der Tiefgang beträgt 1,00 m.

Ich nutzte den kleinen Aufenthalt, um mich
an Deck und im Maschinenraum des
Schleppers umzusehen.

Das WC ist in der Achterlast zwischen
Tauwerk und Schäkeln untergebracht.

Im Steuerstand lässt sich das Ruder
sowohl mit dem Steuerrad als auch per
Joystick betätigen.

Der Schlepphaken wurde
bereits erneuert.

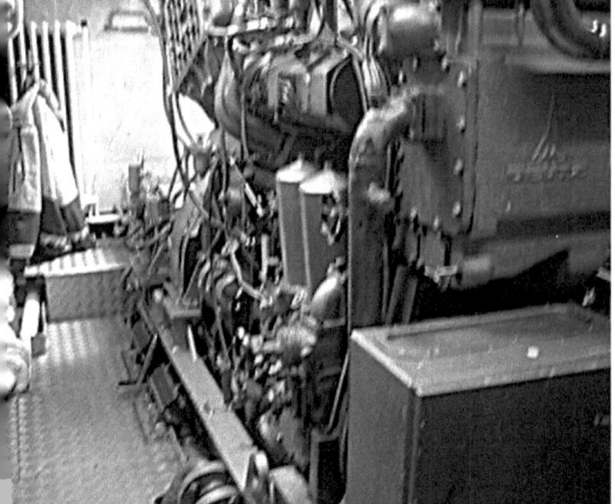

Im Maschinenraum tat ein solider 6-Zylinder Deutz-Dieselmotor seit 1981 seinen Dienst. Es war bereits die zweite Maschine. Bei 1500 U/min bringt der Motor satte 313 PS auf die Welle.

Der Maschinenraum bot ausreichend Platz, sodass man sich überall gut bewegen konnte. Im Vergleich zu älteren Dampfschiffen, war HAFENBAU 2 bereits bei seiner Kiellegung im Jahr 1961 als Diesel-Schlepper und Eisbrecher konstruiert worden. Der 6-Zyliner-Motor hatte recht beachtliche Abmessungen, war jedoch von allen Seiten gut zugänglich. Es war bereits die zweite Maschine. Sie wurde zusammen mit dem Getriebe 1981 eingebaut. Ursprünglich wurde der Schlepper von einem MWM-Diesel mit 175 PS angetrieben. Der Ölwechsel wurde regelmäßig vom Maschinisten selbst durchgeführt. Die Füllmenge betrug etwa 30 bis 35 Liter. Zu beiden Seiten befand sich jeweils ein Treibstofftank mit einem Fassungsvermögen von 2000 Litern. Neben der Zentralheizung und der Ruderhydraulik, gab es im Maschinenraum auch einen Hilfsdiesel, also einen kleinen Diesel-Generatorsatz, mit dem auch eine vorhandene Lenzpumpe mit Strom versorgt werden konnte. Mit dieser Pumpe wurden vor einiger Zeit auch Transportpontons

gelenzt, beziehungsweise deren Ballast
getrimmt. Heute wird bei Bedarf nur der
eigene Ballast in der Achterpiek gelenzt,
zum Beispiel wenn Decksladung übernommen wird. Normalerweise war dieser
Tank jedoch mit 2 Tonnen Wasser gefüllt,
damit die Schraube möglichst tief im
Wasser liegt und dadurch möglichst wenig
Luft aus den Verwirbelungen der Wasseroberfläche zieht. Antriebspropeller,
umgangssprachlich "Schrauben", brauchen
stets "festes" Wasser, damit sie gut "fassen"
und eine gute Antriebswirkung erzielen.
HAFENBAU 2 ist mit einem 4-Blatt-
Propeller ausgerüstet. Sein Durchmesser
beträgt immerhin 1,38 m.

*Der Hilfsdiesel der Marke MWM treibt
den Generator an.*

*Das Getriebe der Firma Reintjes
(im unteren Bild, links unten)
hat ein Gewicht von 665 kg
und eine Untersetzung von 4:1.
Dementsprechend beträgt die Drehzahl
der Antriebswelle maximal 375 U/min.
Rechts daneben ist die elektrische
Lenzpumpe zu sehen.*

Wir machten uns auf den Rückweg.
Durch den großen Hafen ging es wieder
zum "Heimathafen" Lübecker Ufer.
Martin, einer der Vorarbeiter, fuhr bei uns
mit. Er hatte sich während der letzten zehn
Jahre intensiv mit den Pontonanlegern
beschäftigt. Diese Schwimmkörper haben
kleine Wartungsöffnungen, durch die man
zu Kontrollzwecken hineinsteigen kann.
Diese Öffnungen sind üblicherweise mit
Deckeln verschlossen und diese Deckel
wurden bisher mit jeweils 20 Schrauben
befestigt. Im Falle einer Havarie dauerte
es nach Martins Erfahrung allerdings sehr
lange, sämtliche Schrauben zu lösen, um
den Zugang öffnen zu können. Daher
arbeitete er mit einigen Kollegen daran,
diese Deckel so umzubauen, dass diese mit
nur vier Schnellverschlüssen zu öffnen
sind.

Wir waren wieder auf der Elbe und fuhren
am Athabaskakai entlang. Hier wurden
Containerschiffe be- und entladen.
Am Terminal Tollerort gab es eine Großbaustelle zu sehen. Hier wurde das Becken
des Kohlenschiffhafens zugeschüttet, um
weitere Containerstellflächen zu gewinnen.
Solche Projekte führt die HPA in Zusam-
menarbeit mit privaten Bauunternehmen
durch. Bei diesem Vorhaben wurden auch
neue Spundwände, Kaianlagen und Uferbefestigungen errichtet. Dafür wurde sehr
viel Sand, Kies und Gestein gebaggert und
bewegt, auf Schuten mit über 1000 t Ladekapazität.
So gibt es kleine und große Baustellen,
in einem Revier das künstlich geschaffen
wurde.
Eigentlich wollte ich mir nur einen
Schlepper ansehen, doch allmählich
begann ich zu ahnen, worum es hier
eigentlich ging.

*Großbaustelle auf Steinwerder:
Am Containerterminal Tollerort
werden weitere Stellflächen geschaffen.*

*Am Athabaskakai wurden Container-
schiffe be- und entladen.*

HAFENBAU 2
Datenübersicht

Baujahr: 1961
Werft: Teltow-Werft, Berlin-Zehlendorf
Baunummer: 290
Auftraggeber: Strom- und Hafenbau, Hamburg
Länge: 15,50m **Breite:** 4,35m **Tiefg.:** 2,00m
Verdrängung: 38,50 t
Hauptmaschine: Deutz SBA 6M816
Leistung: 313 PS bei 1500 U/min
Getriebe: Reintjes BGA 300 A - 4:1
Antriebsschraube: Vierblatt, Ø 1380 mm
Geschwindigkeit: 10,6 Kn **Pfahlzug:** 4,30 t

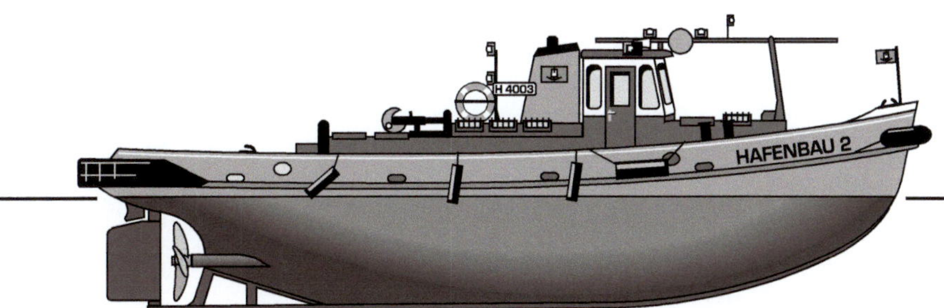

Seitenansicht im Maßstab 1:150

JOHANNES DALMANN
Hamburgs stärkster Eisbrecher fuhr früher mit Dampf

Am nächsten Morgen wartete der Eisbrecher und Schlepper JOHANNES DALMANN bereits an der Überseebrücke. Ich kam im Laufschritt heran, um die Besatzung nicht lange warten zu lassen. Gleichzeitig versuchte ich schnell noch ein Foto zu machen, denn von Bord aus würde ich das Schiff als Ganzes nicht mehr aufnehmen können. Wiedermal aufgeregt wie am ersten Schultag, wurde mein Foto unscharf. Ich sprang an Deck und stieg zunächst hinauf ins Ruderhaus. Freundlich und entspannt wurde ich empfangen. Jan, groß und kräftig, war der Schiffsführer. Drees, ebenfalls von kräftiger Statur, fungierte als Maschinist und Decksmann. Es ging auch gleich los. Ohne lange Vorreden holte Drees die Leinen ein und der Schlepper kam in Fahrt. Wir fuhren zunächst nur ein kleines Stück die Elbe aufwärts. Etwa auf Höhe des neuen Kreuzfahrt Terminals, vor der neuen Hafencity, wurden auf der Norderelbe Baggerarbeiten durchgeführt.

Dort wurde mit dem Eimerkettenbagger ODIN ein zuvor bestimmtes Gebiet auf eine bestimmte Tiefe gebracht. Das Baggergut, das dabei zum Vorschein kam, wurde vom obersten Punkt der Förderanlage in eine Schute geleitet. Die inzwischen vollbeladene Schute galt es nun zu verschleppen, also wegzubringen, zu entleeren und wieder zum Bagger zu schaffen, während eine weitere Schute mit einem zweiten Schlepper zum Bagger gebracht und dort gefüllt wurde. Ein fortwährender Wechsel also.

Eisbrecher und Schlepper JOHANNES DALMANN lag morgens an der Überseebrücke

Bagger ODIN kam nun in Sicht.
Von Ankerdrähten gehalten, stand er mitten im Strom.
Eine Schute lag längsseits. Sie war um einiges länger und fast genau so breit wie der Eimerkettenbagger. Jan fuhr noch einen Bogen und brachte den Schlepper seitlich, am hinteren Ende der Schute zum Stehen.

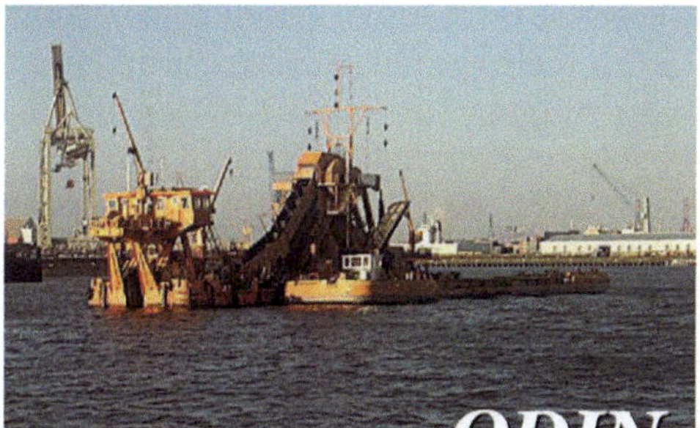

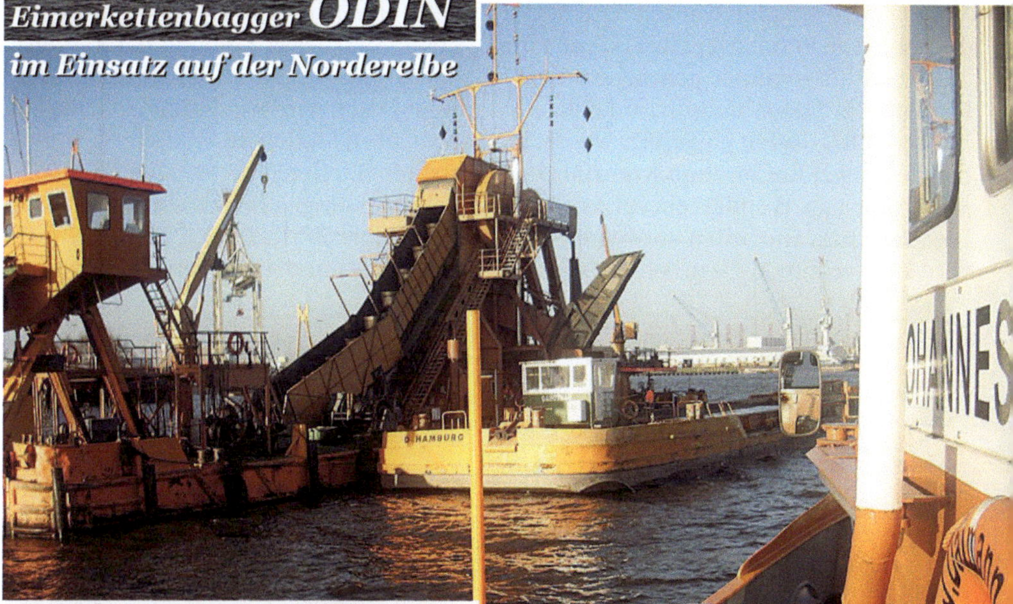

Eimerkettenbagger **ODIN**
im Einsatz auf der Norderelbe

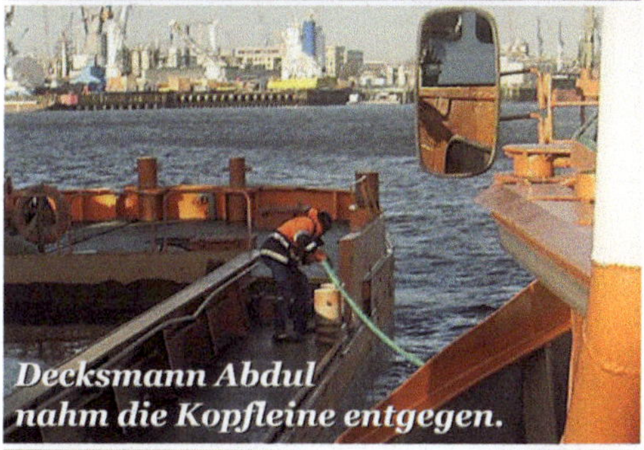

Decksmann Abdul nahm die Kopfleine entgegen.

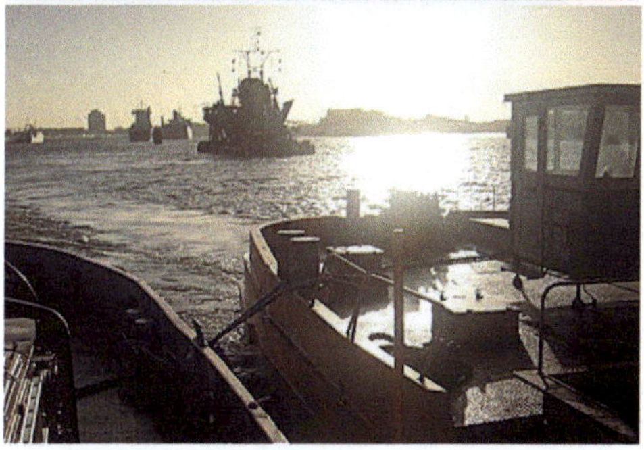

Die Augen der Kopfleine, der Querleine und der Achterleine wurden mit sicherer Hand zur Schute übergeben, dichtgeholt und an den Pollern des Schleppers festgemacht. Baggerseitig wurden die Leinen gelöst und eingeholt. Schraubenwasser preschte schräg abgelenkt gegen Bordwände. Die Welt um uns begann sich scheinbar zu drehen. Tatsächlich löste sich natürlich der Schlepper samt der 1000t-Schute mit einer leichten Drehbewegung vom Bagger. Die Bewegung ging fließend in eine Vorausfahrt über.
Wir waren unterwegs.

Warum wurde an dieser Stelle gebaggert? War die Elbe nicht tief genug?

Im Allgemeinen ist es wohl so, dass das Flussbett der Elbe und der angeschlossenen Hafengewässer stetigen Veränderungen unterliegt. Der Hafen verschlickt und versandet kontinuierlich, bedingt durch Strömung und Gezeitenkräfte.

Die Anlage muss jedoch für die Seeschifffahrt instandgehalten werden. Das heißt, die Fahrwege und Liegeplätze müssen für die Seeschiffe gefahrlos genutzt werden können. Der Flussabschnitt, auf dem Bagger ODIN derzeit eingesetzt wurde, ist für die großen RoCon- und Kreuzfahrtschiffe auch als Wendekreis vorgesehen. Inwiefern Baggerarbeiten notwendig sind, wird stets ermittelt. Dazu werden die Gewässer im Hamburger Hafen kontinuierlich hydrographisch vermessen. Für diese Aufgabe betreibt die HPA mehrere Peilboote. Eines davon ist zum Beispiel der DEEPENSCHRIEWER III. Der Name würde auf Hochdeutsch "Tiefenschreiber III" lauten. Dieses Spezialfahrzeug ist mit einem Multi-Sensor-System ausgerüstet. Es scannt den Hafengrund fächerartig per hochfrequentem Ultraschall zentimetergenau! Aus diesen Ergebnissen werden sogenannte Peilpläne erstellt. Aufgrund dieser Daten wird wiederum entschieden, an welchen Stellen des Hafens Baggerarbeiten durchgeführt werden müssen. Diese Messungen bilden auch die Grundlage für den Einsatz des Eimerkettenbaggers ODIN auf der Norderelbe.

Eine **Grundlage für die Planung** *von Baggerarbeiten sind hydrographische Messungen. Hier ist das Peilboot DEEPENSCHRIEWER III dabei, den Grund der Elbe per Multi-Sensor-System hochaufgelöst zu scannen.*

Die HPA betreibt mehrere sogenannte Peilboote zur hydrographischen Erfassung der Gewässer im Hamburger Hafen.

Messboot REINHARD WOLTMAN *untersucht das Gewässer vor der Baustelle Tollerort Terminal.*

DEEPENSCHRIEWER III *(siehe auch linke Seite) durchfährt den Kehrwieder-fleet. Das Spezialschiff wurde 1980 auf der Werft August Pohl in Finkenwerder gebaut. Es ist etwa 20 m lang, 5 m breit und verdrängt immerhin 80 t.*

DEEPENSCHRIEWER II, *das größte Peilboot der HPA, wendet auf dieser Aufnahme morgens im Niederhafen, um an der Bunkerstation festzumachen.*

Unterwegs zum Klappfeld

Nun waren wir mit JOHANNES DALMANN und der Schute unterwegs zur Entladestelle. In der Schute stand Wasser. Man hätte denken können, sie wäre mit Wasser gefüllt. Beim Baggern wurde Wasser mit aufgenommen. Sand und Schlick hatten sich jedoch in der Ladewanne abgesetzt. Das Wasser bildete nun eine dünne Oberflächenschicht. "Bei dieser Schute handelte es sich um eine Klappschute", erklärte mir Jan. Es war eine 600'er.

Die Zahl 600 steht für das Fassungsvermögen der Ladewanne in Kubikmetern. Gebaut wurde dieser Lastenträger auf der Ruhrorter Schiffswerft am Rhein.
Die Schute war 55 m lang und 10 m breit. Die Masse der Zuladung, gemessen in Tonnen, ergab sich aus der Zusammensetzung des Baggergutes. Wässeriger Schlick ist leichter als feuchter Kies. Das Mittelmaß der Zuladung lag jedenfalls bei etwa 1100 t.

Das Besondere an dieser Schute ist, dass sie sich in der Längsachse aufklappen lässt. Daher die Bezeichnung Klappschute. Die Ladung rutscht dann einfach nach unten ins Wasser. Die seitlichen Schwimmkammern sorgen natürlich dafür, dass das ganze Objekt immer schwimmfähig bleibt. Die Klappmechanik wird hydraulisch bewegt.

Für die Erzeugung des notwendigen Öldruckes ist die Schute auch mit einem entsprechenden Diesel-Aggregat ausgerüstet. Außerdem verfügt das Gefährt über ein eigenes Ruder, welches achtern von einem kleinen Ruderhaus aus betätigt wird. Dort stand Abdul zur Zeit als dritter Mann auf diesem Schleppverband, um zu gegebener Zeit die notwendigen Steuerungen auszuführen.

*Schiffsführer Jan steht am Steuerrad des Schleppers und Eisbrechers
JOHANNES DALMANN.*

Es gibt Schuten in verschiedenen Formen und Größen. Meistens sind es Spülschuten, die von Saugern entleert, also ausgesaugt werden. Mit dieser Klappschute ging es jedoch zu einem Klappfeld bei der Elbinsel Neßsand. Das lag noch hinter Finkenwerder, etwa auf Höhe Blankenese. Im Stillen freute ich mich darüber, dass es für eine gewisse Zeit geradeaus ging und ich eine Art "Reise" miterleben durfte.

"Da vorn kommt unser Gegenspieler", sagte Jan und zeigte nach Backbord voraus.

Es war der Schlepper HOFE, der eine entleerte Schute zurück zum Bagger brachte. So wurde der Eimerkettenbagger kontinuierlich im Gegentakt von zwei Schleppern bedient und es entstand kein Leerlauf.

Wir fuhren bei einer Drehzahl von 700 U/min, mit etwa 80% Maschinenleistung geradeaus. "Es ist gut, immer etwas Leistung in Reserve zu haben", sagte Jan. Der Eisbrecher und Schlepper JOHANNES DALMANN ist das größte und stärkste

Schlepper HOFE kam uns entgegen. Neben der hoch aufragenden, leeren Schute, hatte der Schiffsführer auf dem Schlepper keine direkte Sicht zur Fahrwassermitte. Dann fungierte der Schutenführer als Ausguck.

Fahrzeug der HPA. Er wurde 1949 auf der Norderwerft in Hamburg als Dampfschiff gebaut. Damals, kurz nach dem Zweiten Weltkrieg, durfte die Maschinenleistung deutscher Schiffsneubauten einen vorgeschriebenen Wert nicht überschreiten. Dies galt jedoch nicht für Dampfmaschinen. So umging man diese Anordnung mit einem Dampfantrieb, der 890 PS auf die Welle brachte. Der Steuerstand war zunächst offen, völliger Irrsinn bei einem Eisbrecher! Aber die Chefs waren damals wohl der Ansicht, der Rudergänger müsse den bestmöglichen "Kontakt" zum Eis haben. Erst später besann man sich und baute für den armen Kerl ein Häuschen. Das Ruderhaus, in seiner heutigen Form, wurde 1974 errichtet. Gleichzeitig erfolgte ein Umbau von Dampf- auf Dieselantrieb. Ein 8-Zylinder Deutz-Dieselmotor mit 1160 PS wurde installiert. Damit wird ein freilaufender Vierblatt-Propeller von 2,5 m Durchmesser angetrieben.

Das Ruderblatt hängt, verbunden durch mehrere Angeln, an einem starren, senkrechten Steg. Vermutlich ergeben sich dadurch bei Rückwärtsfahrt gewisse Phänomene, die so manchen Rudergänger ins Schwitzen bringen.

Selbst Jan, der diesen Schlepper am besten kennt, ist dann für Sekunden machtlos. "Dann macht LISELOTTE einfach was sie will", erzählte er. (LISELOTTE war seine eigene Namensschöpfung für dieses Schiff) "Irgendwann fängt sich die Schraube wieder und fängt an zu greifen und dann bekommst du alles was du willst!"

Mit der seitlich festgemachten Schute liefen wir weiterhin wunderbar geradeaus. Das Ruder brauchte kaum betätigt zu werden. "Eigentlich tun wir hier auch nur einen Job, vergleichbar mit dem eines LKW-Fahrers auf einer Landstraße", meinte Jan. "Kapitän! Ja, schön und gut, aber was heißt das schon..."

Antwortsuchend fixierte ich die Kopfleine. Über 1000 t Ladung, große Hebellänge, starke Scheerkräfte bei Wellengang, und

das mit nur einer Leine im Vorausbereich. Diese recht hochwertigen Squareleinen (Square = Quadrat, -durch das Flechtwerk quadratisch anmutender Querschnitt) halten einiges aus, wurde mir bescheinigt. "Du hättest mal gestern dabei sein sollen. Da hatten wir zwei Meter Wellenhöhe! Das hat ganz schön geknallt. Aber die Leinen halten das aus. Eine Squareleine bricht auch nicht schlagartig, wie eine gedrehte Festmacherleine", erklärte Drees. "Da reißen zunächst die äußeren Kardeelen und du hast immer noch eine oder zwei Sekunden, um dich wegzudrehen und Abstand zu gewinnen, bis der mittlere Strang bricht".

Bei guter Sicht passierten wir die Hamburger City mit den Landungsbrücken.

Steuerpult und Kartentisch

Wir hatten das Klappfeld (auf der Seekarte als "Schüttstelle" deklariert) erreicht. Jan steuerte den Schleppverband in eine Kreisbahn. Nebenan auf der Schute, bediente Abdul die Hydraulikanlage. Mächtige Stempel begannen den Rumpf in seiner Längsachse aufzuklappen.

Die Ladung begann zu rutschen, während der Schlepper weiterhin eine Kreisbahn vorgab. Dieses Klappfeld war zuvor ermittelt und ausgebaggert worden. Der verklappte Sand wird hier durch den Strom gereinigt, später wieder ausgebaggert und in Richtung Nordsee weiterbefördert. Dies geschieht dann jedoch mit einem Saugbagger, einem Seeschiff, das den Sand in Ladekammern selbst befördert.

Die Bodenbeschaffenheit im Gebiet von Hamburg und somit auch auf dem Grund der Elbe, ist sehr unterschiedlich. Da gibt es Sand, Kies, Ton, Mergel... Quer hindurch verläuft auch eine Steinmoräne.

Wir haben es hier mit Mischboden zu tun!

Wir hatten das Klappfeld erreicht. Die Schute wurde geöffnet (aufgeklappt) und entleerte sich dabei, während der Schlepper eine Kreisbahn vorgab. Auf dem unteren Bild im Hintergrund, ist der Leuchtturm Wittenbergen zu sehen.

Während sich die Schute entleerte, klarierte Abdul die Leinen an Deck.
Im Hintergrund ist das Kraftwerk Wedel zu sehen.

Die Schute war leer, blieb aber noch leicht aufgeklappt, während der Schlepper auf Gegenkurs ging. So wurden Ladungsreste durch die Fahrtströmung aus der Wanne herausgewaschen.

Viele Stellen im Hafen versanden ständig und müssen fortwährend ausgebaggert werden, um die Nutzbarkeit der Wasserwege und Kaianlagen gewährleisten zu können. Ein Hafen ist ja eine künstlich geschaffene Anlage und hat mit dem ursprünglichen, natürlichen Lauf eines Flusses kaum etwas zu tun. Würde man diese Anlage nicht mehr erhalten, also völlig der Natur überlassen, würde wieder eine Naturlandschaft entstehen.

Mit Gebäuden ist es ja auch so. Wenn diese sich selbst überlassen werden, vermodert das Holz, es platzen Wände, Regenwasser dringt ein, Disteln und Birken bahnen sich Wege durchs Wohnzimmer...

Irgendwann ist ein Bauwerk nur noch durch Ausgrabungen zu rekonstruieren, wie es bei antiken Städten der Fall ist.

Eine konsequente Instandhaltung hat auch nichts mit mangelnder Naturliebe zu tun. Will man eine Kulturgesellschaft erhalten, gibt es also gewisse Sachzwänge.

Während unserer Fahrt auf der Norderelbe wies mich Jan auf eine Stelle am Ufer hin. Es war am Krahnhöft, an der Einfahrt zum Segelschiffhafen. Die Flut lief gerade kräftig auf und erzeugte hier eine starke Strömung mit einem sichtbaren Gefälle. Daraus nährte sich wiederum ein Strudel, der über einen gewissen Zeitraum ein mehrere Meter tiefes Loch in den Grund bohrte. An solchen Stellen müssen Spundwände und Kaianlagen besonders tief gegründet und aufwendig befestigt werden.

Flutströmung am Krahnhöft

Wir waren fast wieder zurück an unserem Ausgangsort. Mitten im Fluss, vor dem Kreuzfahrtterminal, trieb ODIN unbeirrt sein Werk voran.

Bevor wir jedoch mit der Schute an den Bagger heranfuhren, machten wir am Strandkai fest, einer Kaimauer direkt am Nordufer der Norderelbe, zwischen dem neuen Kreuzfahrtterminal und dem Grasbrookhafen. Für diese Arbeit war es eine geeignete Warteposition, um mit einer Schute einen Zwischenstopp einzulegen, sofern ODIN keine weitere Schute annehmen konnte.

Interessanterweise war diese Kaianlage auch die älteste im Hamburger Hafen. Die hatte einst Johannes Dalmann, der Namenspatron unseres Schiffes bauen lassen. Herr Dalmann hatte sich damals maßgeblich für die Errichtung eines offenen Tidehafens eingesetzt, entgegen dem Modell eines Dockhafens mit Schleusenzufahrten, wie er zum Beispiel in London gebaut worden war.

Ich nutzte den Zwischenstopp, um mich an Bord umzusehen.
Achtern wird die Schleppleine durch einen Schutzbügel abgewiesen.

Am Strandkai, der ältesten Kaianlage im Hamburger Hafen, machten wir einen Zwischenstopp.

Übrigens war Jan auch ein begeisterter Fotograf.
Er zeigte mir eine Portraitaufnahme, bei der er einen Ringblitz verwendet hatte.
Oft war er auch bei Sportveranstaltungen dabei, um Fotos zu schießen.
Jan beschrieb mir, wie er dort aus schnellen Bewegungen klare Bilder erzeugte.
Seine Ausführungen waren sehr fachlich. Viele Begriffe die er wählte, kannte ich nicht.

Auf dem Vorschiff war eine Ankerwinde installiert worden.

Ich nutzte diesen Stopp am Strandkai, um
mich an Bord noch weiter umzusehen.
Denn während der bisherigen Schleppfahrt
war es für mich aus Sicherheitsgründen
nicht gestattet, über und unter Deck
herumzulaufen.
Das Schiff machte einen sehr aufgeräumten
und reinlichen Eindruck.

Im WC gab es die Möglichkeit zu duschen.

*JOHANNES DALMANN ist als Schlepper
in klassischer Weise aufgebaut.
Der Schlepphaken ist mittschiffs, dreh-
bar gelagert und kann per Drahtauslö-
sung entriegelt werden.*

*Das vordere Deckshaus war Messe und Kombüse zugleich und recht gut
ausgestattet. Es waren sogar Gardinen an den Fenstern angebracht.*

Ich inspizierte auch den Maschinenraum. Ein Niedergang führte tief in die geräumige Anlage hinunter.

Drees überfiel mich förmlich mit Erläuterungen, die ich mir leider nicht alle merken konnte.

Die Maschine wurde mit Pressluft gestartet, wie es bei größeren Motoren üblich ist. Der notwendige Vordruck wurde mit einem separaten Kompressor erzeugt. Ein Reservekompressor konnte mit dem Hilfsdiesel angetrieben werden.

Die Hauptmaschine, ein 8-Zylinder Deutz-Dieselmotor, leistet 1160 PS bei maximal 900 U/min.
Die zum Starten benötigte Pressluft wird in seitlich untergebrachten Druckbehältern gespeichert.

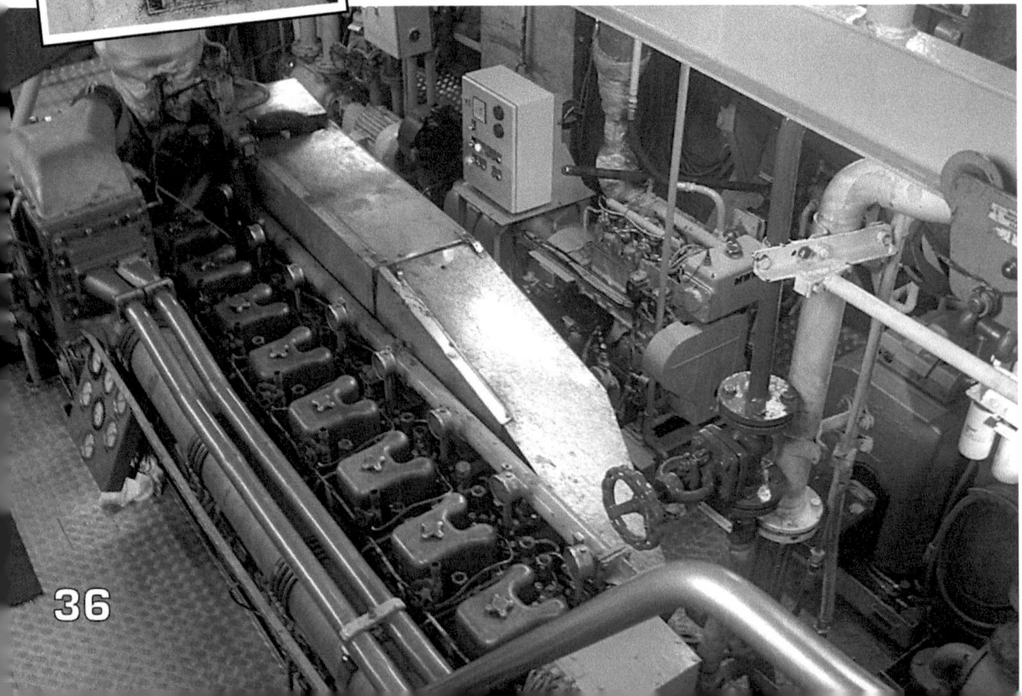

Es gab auch zwei Lenzpumpen, von denen eine als größere Bergungspumpe ausgelegt war. Die Welle wurde mit einem speziellen Förder- und Verteilersystem geschmiert. "Beim Eisbrechen donnert und vibriert hier unten alles. Dadurch lösen sich so manche Dichtungen und Verschraubungen. Da brauchst du den Schraubenschlüssel erst garnicht aus der Hand zu legen. Da kannst du ständig umherlaufen und alles nachziehen", erzählte mir Drees. Er hatte unter anderem auch Teile des Treibstoffsystems und der Kühlung mit jeweils unterschiedlichen Farbtönen gestrichen, beziehungsweise optisch zusammengefasst. So entstand eine bessere Übersicht, speziell für Kollegen die neu oder in Vertretung an Bord waren.

Bei Fahrten durchs Eis setzen sich Schläge und Vibrationen in das Schiffsinnere fort.

Lenzpumpe, Kompressor und Hilfsdiesel stehen an Backbordseite.

Die Hauptschalttafel an Steuerbordseite

Wellenschmierung und Werkstatt

Jan manövriert die leere Schute an den Bagger heran.

Es ging weiter. Wir verholten zum Bagger. Dieser befand sich ja nur wenige hundert Meter von unserer Position entfernt. ODIN hatte eine Seite freigegeben. Unsere 600'er Schute kam unterhalb der Laderutsche zum stehen und wurde am Bagger festgemacht.

Was mich betraf, so erhielt ich noch an diesem Tag die Gelegenheit, auch den Schlepper HOFE zu besuchen. Dieser wartete jetzt mit einer anderen Schute am Strandkai, dort wo wir eben noch gelegen hatten.

Jan und Drees brachten mich dort hin.

Während der Eimerkettenbagger sein Werk fortsetzte, wartete Schlepper HOFE mit der zuvor beladenen Schute am Strandkai, um mich aufzunehmen und die Fahrt dann fortzusetzen.

JOHANNES DALMANN
Datenübersicht

Baujahr: 1949 - Dampfschlepper
Werft: Norderwerft, Hamburg
Baunummer: 779
Auftraggeber: Strom- und Hafenbau, Hamburg
Umbau der Aufbauten und des Antriebes zum Dieselschlepper: 1974

Hauptmaschine: 8-Zylinder Deutz-Diesel Typ SBA 8M528
Leistung: 1160 PS bei 900 U/min
Getriebe: Reintjes WGV 481 Untersetzung 3,44 : 1
Antriebsschraube: Vierblatt, ∅2500 mm
Pfahlzug: ca. 14 t

Länge: 28,80 m **Breite:** 7,60 m
Konstruktionstiefgang Mitte Basis: 2,85 m
Tiefgang hinten mit Ballast: 3,40 m
Durchfahrtshöhe: 5,50 m
Verdrängung: 225 t

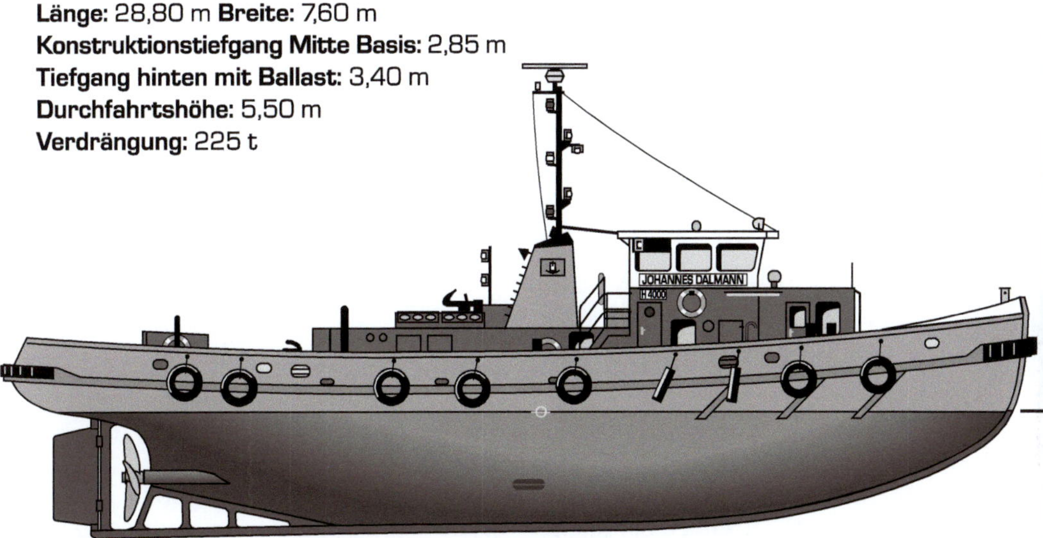

Seitenansicht im Maßstab 1:200

HOFE

Mit der Spätschicht unterwegs zum Klappfeld

Am Strandkai stieg ich von JOHANNES DALMANN auf den Schlepper und Eisbrecher HOFE über.
Ebenso wie JOHANNES DALMANN, hatte auch HOFE den Auftrag, Baggergut vom Eimerkettenbagger ODIN mit einer Klappschute zum Klappfeld vor der Elbinsel Neßsand zu bringen.

HOFE lag bereits mit der beladenen Schute bereit zur Weiterfahrt. An Bord traf ich Andreas, Friedrich und Lars, die Besatzung des Schleppverbandes. Noch bevor es weiter ging, zeigte mir Friedrich den Maschinenraum. Ich war froh, diese Fotos schon mal "in den Kasten" zu bekommen. Zu Hause würde ich mich dann in Ruhe an die Auswertung der Bilder machen, denn schließlich wollte ich den Betrieb nicht mit langen Besichtigungen aufhalten. Mir fiel aber gleich auf, dass dieses Schiff neueren Datums war, Baujahr 1986 erfuhr ich. Auch hier wurde die Maschine mit Pressluft gestartet. Der 6-Zylinder MAN-Diesel brachte maximal 652 PS bei 800 U/min auf die Welle. Die Schmierölfüllung betrug etwa 200 l. Der Propeller lief in einer drehbaren Kort-Düse, an der wiederum ein separat angelenktes Becker-Ruder montiert war. Damit erreichte dieser Schlepper einen Pfahlzug von 8 t und eine enorme Manövrierbarkeit. Es gab einen Diesel-Generatorsatz für die Hauptstromversorgung, auch Hilfsdiesel genannt, sowie Lenz- und Trimmpumpen.
Der Bunkervorrat betrug 9500 l. Erfahrungsgemäß kam man mit 5000 l etwa zwei Wochen lang aus.

Schlepper und Eisbrecher HOFE mit einer beladenen Klappschute am Strandkai

*Im Maschinenraum war die Original-
maschine von 1986 in Betrieb, ein
wuchtiger 6-Zylinder-Reihenmotor
der Marke MAN.
Bei 800 U/min brachte der Diesel
652 PS auf die Welle.
Neben einem Diesel-Generator-Satz
für die Stromversorgung und weiteren
Ausrüstungen, stand auch eine solide
Werkbank für die täglichen Instand-
haltungen und kleineren
Reparaturen zur Verfügung.*

Ich stieg ins Ruderhaus. Während der Fahrt wäre es im Maschinenraum sehr laut und unangenehm geworden. Die Schute wurde zunächst umgespannt, also an die Backbordseite genommen. Schiffsführer Andreas bediente dabei die Maschine und das Ruder, während Lars und Friedrich die Leinen lösten, beziehungsweise wieder festmachten. Auf dieser Seite behielt Andreas stets eine gute Sicht zum nahen Ufer an Steuerbordseite. Nach Backbord verdeckte die Schute die unmittelbare Sicht auf kleinere Objekte in der Fahrwassermitte. Daher hielt Lars stets auf der Schute Ausschau und würde bei Bedarf alle nötigen Informationen an den Schlepper per Funk weitergeben. Er befand sich dann auf der Schute im Steuerhaus.

Es war früher Nachmittag. Die Flut lief noch auf. Unser Schleppverband musste nun vom Kai gelöst und um 180° gedreht werden. Dafür nutzte Andreas die Strömung geschickt aus. Zunächst richtete er das Ruder schräg gegen die Kaimauer und ließ die Maschine langsam auf eine höhere Drehzahl kommen. Unser Gespann löste sich und wurde sanft vom Strom der Elbe erfasst. Mit nur leichten Ruderausschlägen korrigierte Andreas die Bewegung der Fahrzeuge. Bald standen wir in der gewünschten Richtung und nahmen Fahrt auf. Wie bereits am Vormittag mit JOHANNES DALMANN, so ging auch jetzt die Fahrt mit einer beladenen Schute die Elbe hinunter zum Klappfeld vor der Insel Neßsand.

Friedrich und Lars machen die Schute an Backbordseite des Schleppers fest.

Andreas hatte sein Patent als Hafenschiffer
im Jahr 1979 gemacht. Damit war er nun
seit 36 Jahren im Hamburger Hafen
unterwegs. Es hat immer mindestens ein
Besatzungsmitglied mit langjähriger
Erfahrung an Bord zu sein. Diese Anordnung ist eine Konsequenz aus dem Unglück
des Schleppers HEINRICH HÜBBE, der
vor kurzer Zeit auf der Elbe kenterte.
Bei diesem Vorfall war sicherlich auch
Unerfahrenheit im Spiel. Zum Glück kam
dabei niemand ernsthaft zu Schaden. Der
Schlepper konnte schnell gehoben werden.
Ein neuer Motor wurde eingebaut und das
Schiff konnte wieder in Fahrt gebracht
werden.
Ich persönlich denke, dass es gut ist, wenn
zu jedem Fahrzeug eine Stammbesatzung
gehört, wie es bei der HPA auch der Fall
ist. So sind die Leute im Umgang und mit
der Bedienung der Schiffe und ihrer
Ausrüstung sicher und vertraut.

*Lars blieb während der Fahrt auf der
Schute.
Der Schleppverband legte sich in den
Strom der Elbe und nahm Fart auf.*

Für den Aufenthalt an Bord, gibt es auf HOFE einen Schlafraum unterhalb des Ruderhauses, ein separates WC, sowie eine kleine Messe mit Kochmöglichkeit im vorderen Teil des Deckshauses.

Vor Övelgönne (Ein Ort am Nordufer der Elbe) lag die Fahrwassertonne 136 (im Bild mitte/links) backbord querab. Wir fuhren also außerhalb des Hauptfahrwassers stromabwärts am Nordufer entlang. Im Hauptfahrwasser gab es zu diesem Zeitpunkt zwei Mitläufer, einen Produktetanker (im Vordergrund) sowie ein Großcontainerschiff, das kurz zuvor aus dem Waltershofer Hafen in die Elbe eingeschwenkt war.

Andreas, Friedrich und Lars kamen heute für diese Arbeit im Baggereibetrieb als Spätschicht an Bord. Sie würden hier übernachten, am nächsten Tag die Frühschicht übernehmen und mittags wieder abgelöst werden. Am folgenden Tag würden sie dann mittags wieder an Bord kommen. Durch dieses Zweischichtsystem bleiben die Fahrzeuge länger ausgelastet. Nur nachts trat für alle Beteiligten eine Ruhepause ein.

Wie bereits erwähnt wurde HOFE 1986 gebaut und zwar auf der Werft Theodor Buschmann in Hamburg am Reiherstieg. Also inmitten des Arbeitsumfeldes, in dem dieses Schiff eingesetzt wurde und immer noch eingesetzt wird. Die Werft gibt es auch noch. Sie gehört heute zur Fairplay-Reederei. HOFE wurde mit den entsprechenden Verstärkungen als Eisbrecher und Schlepper entwickelt und konstruiert. Das Schiff verdrängt 137 t, ist 21,90 m lang, 6,44 m breit und erreicht mit Ballast einen Tiefgang von 3,20 m.

Das primäre Aufgabengebiet für dieses Fahrzeug ist die Beförderung von Schuten mit Baggergut. Es werden aber auch Prähme und natürlich auch die Bagger verholt, zumal diese ja keinen eigenen Antrieb haben.

Während der Schlepper HOFE und die Schute
das Wasser der Elbe durchpflügten,
blieb die Besatzung wachsam auf ihrem Posten.

"Wenn ich mal im Bekanntenkreis gefragt werde, was ich beruflich mache, dann sage ich, dass ich einen Schlepper im Hamburger Hafen fahre", erzählte mir Andreas. "Ach, Bugsier! Lautet dann häufig die Antwort. Die meisten Leute verbinden Schlepper automatisch mit dem Namen Bugsier. Dabei ist die Bugsier-Reederei nur eines von mehreren Schleppunternehmen in Hamburg und auch nicht für den Erhalt der Hafenanlagen zuständig. Viele Leute wissen um diese Dinge überhaupt nicht Bescheid, nicht etwa Leute die von auswärts kommen, sondern Hamburger!" sagte Andreas.

Andreas an seinem Arbeitsplatz
im Ruderhaus

*Bei ruhigem Wetter verlief auch die Fahrt zum Klappfeld ruhig.
Unterwegs passierten uns verschiedene Schiffe.*

Wir erreichten das Klappfeld vor der Elbinsel Neßsand. Wie bereits am Vormittag mit JOHANNES DALMANN eine Kreisbahn gefahren wurde, so begann Andreas auch mit HOFE die Schute in einen Kreis zu lenken. Auf der Schute betätigte Lars die Hydraulik. Sogleich klappte der Lastenträger in seiner Längsachse auseinander und die Ladung kam ins Rutschen.

Ich fragte, ob die Spül- und Verklappungsflächen nicht allmählich knapp werden. Ja, das konnte Andreas bestätigen. Die Fahrrinne müsste auch verbreitert werden, denn die neuesten Großcontainerschiffe von 400 m Länge und 50 m Breite passen hier nicht mehr aneinander vorbei.

Im Übrigen baggert nicht nur die HPA, sondern auch private Unternehmen, die zusätzlich beauftragt werden. Grundlage für diese Arbeiten sind Tiefenmessungen, die kontinuierlich von mehreren Peilbooten der HPA vorgenommen werden. Der Grund der Gewässer wird dabei systematisch, flächendeckend und hochauflösend per Ultraschall gescannt. Nach einer entsprechenden Auswertung wird festgelegt, wo und mit welchen Hilfmitteln gebaggert werden soll.

Auch bestimmte Liegeplätze, sowie die wannenartigen Vertiefungen unterhalb der Schwimmdocks, die sogenannten Dockwannen, müssen regelmäßig ausgebaggert werden. Dabei kann ein großer Saugbagger zum Beispiel viel Material aufnehmen, also in seine Ladekammern befördern und anschließend zu einem weit entfernten Ort transportieren. Er kann aber zum Beispiel keinen Ton aufsaugen oder bestimmte Punkte präzise bearbeiten. Festes Material kann jedoch mit einem Eimerkettenbagger abtragen werden. Metergenaue Grabungen können wiederum mit hydraulischen Tieflöffelbaggern durchgeführt werden. “Wenn wir gleich zurück sind, kannst du auf den Eimerkettenbagger gehen”, empfiel mir Andreas, “Drüben steht Reinhold auf der Brücke. Den kannst du alles fragen. Der kann dir alles genau erklären.”
Prima, dachte ich. Da bin ich ja direkt an die Quelle geraten.

An der Einfahrt zum Parkhafen, unweit vom Bubendey-Ufer, wurden Arbeiten mit einem Tieflöffelbagger von einem Stelzenponton aus durchgeführt.
Links ist der Schlepper TAIFUN (Lührs Schiffahrt) zu sehen.

Inzwischen befanden wir uns wieder auf dem Rückweg von Neßsand zur Baggerstelle. Um 15.40 Uhr setzte an diesem Tag die Ebbe ein. So stand es auch im Tidenkalender. Den hatte Andreas stets griffbereit am Kontrollpult liegen. Wir fuhren also auch jetzt wieder gegen die Gezeitenströmung. Es trübte sich ein. Unter einer dicken Wolkenschicht wurde es merklich dunkler. Gleichzeitig fing es an zu tröpfeln. Die Positionslichter wurden gesetzt.

"Wozu dient eigentlich der orange Ball, oben am Mast?", fragte ich.

"Das ist ein Radarreflektor", erklärte mir Andreas. Einmal fragte ihn sogar ein Lotse danach.

"Du musst soetwas natürlich nicht wissen", meinte er, "aber ein Lotse sollte es schon!"
Unser eigenes Radargerät war jetzt auch in Betrieb. Auf dem Bildschirm war auch die Schute, als Fleck auf der Bildmitte auszumachen.

Das Radarbild zeigte uns die nähere Umgebung, also einen Abschnitt der Elbe. In der Bildmitte verursacht die Schute einen großen, verwaschenen Reflex.

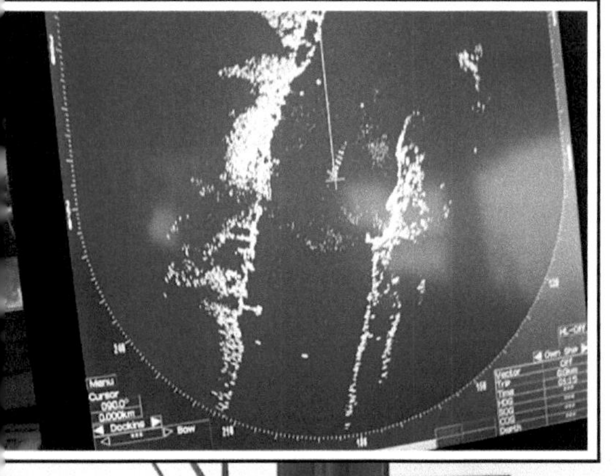

Bagger ODIN kam in Sichtweite.
"Wenn du drüben bei Reinhold fertig bist,
dann dreh ich noch 'ne Runde, sodass du
HOFE auch von oben fotografieren kannst",
bot Andreas mir an.
Das war natürlich eine tolle Sache.
Die Dämmerung würde bald einsätzen,
aber für die Aufnahmen würde noch
genügend Licht vorhanden sein.
Ich hielt mich bereit, um auf den Bagger
überzusteigen.

*Bei dichter Bewölkung und leichtem
Regen machten wir am Bagger fest.*

*Ein letzter Blick
ins Ruderhaus*

ODIN

Der Eimerkettenbagger bringt nicht nur Schlick ans Tageslicht

Als ich auf den Bagger ODIN übergestiegen war, wandte ich mich gleich in Richtung Brücke. Der breite Kommandostand war leicht auszumachen. Auf einer so schwer und brachial wirkenden Maschine, kam ich mir vor wie eine Ameise zwischen Mühlenrädern. Ich versuchte locker zu bleiben und wählte prompt die falsche Treppe. Beim zweiten Anlauf erreichte ich dann die Brücke.

Reinhold erwartete mich bereits, offensichtlich leicht amüsiert. Ich hatte eigentlich ein fieberhaft arbeitendes Kontrollteam erwartet. Dem war aber nicht so. Reinhold war allein hier oben und bediente den Bagger. Er war den größten Teil seines Berufslebens als Kapitän zur See gefahren und hatte nur die letzten Jahre hier verbracht. Dieses Jahr würde er in Rente gehen. Ich fragte, ob ich ihn fotografieren dürfte. Er winkte nur ab und sagte: "Hier laufen ständig Fernsehteams umher, von denen ich schon unzählige Male

Mit einer Kette von 57 "Eimern" schürft der Bagger über den Grund der Elbe. Das geförderte Baggergut wird dabei in eine Schute gefüllt.

aufgenommen wurde. Auf einmal mehr
kommt es da nicht mehr an." Und sogleich
begann Reinhold seinen Vortrag, wie er
ihn schon oft gehalten hatte:
Bei ODIN handelt es sich **nicht** um einen
Eimerbagger, wie so oft gesagt wird,
sondern um einen **Eimerkettenbagger**.
Reinhold bestand auf diese vollständige
Bezeichnung.
ODIN wurde in den 70'er Jahren gebaut.
Die Baukosten betrugen 7,2 Millionen DM.
Der Bagger ist 50 m lang und 11 m breit.
Der Tiefgang beträgt 2,9 m, die Höhe 18 m.
Die Eimerkette besteht aus 57 stählernen
Wannen, den sogenannten Eimern.
Jeder Eimer hat ein Ladevolumen von
650 Litern.
Es schürfen immer 5 Eimer gleichzeitig
durch den Grund.
Die maximale Baggertiefe beträgt 22,80 m.
Die Seitwärtsbewegung erfolgt mittels
Stahldrähten, die auf-, beziehungsweise
abgespult werden. Es gibt zu beiden Seiten
jeweils zwei solcher Drähte mit den ent-
sprechenden Winden. An den Drahtenden
sind schwere Anker befestigt, die in den
Grund der Elbe greifen.

Es gibt also insgesamt 4 sogenannte
Seitenanker.
In der Längsachse steht ein Vortau- und
ein Hecktauanker zur Verfügung. Daran
arbeiten geregelte Winden und bewirken
die Vor- oder Rückwärtsbewegung.
Die Zugkraft der Winden beträgt jeweils
12 t. Der Bagger bewegt sich über die
gesamte Fahrwasserbreite. Die maximale
Vorausbewegung pro Arbeitsschritt beträgt
1 m. Bei Mergel (lehmiges Kiesgefüge) fällt
die Leistung jedoch geringer aus. Da
können es auch mal nur 30 cm werden.

*Reinhold bedient die Steuerung
auf der Brücke des Baggers.*

***Eine von vier Winden, mit denen der
Bagger seitwärts bewegt wird.***

Die UKW Sprechfunkanlage ist im Schaltpult integriert.

Über dem Schaltpult zeigte ein Bildschirm das Gebiet, auf dem gebaggert wurde. Zwischen Krahnhöft, Cruise Center und Baakenhafen, wird dieser Abschnit der Norderelbe von den Seeschiffen auch als Wendekreis genutzt. Der gezeigte Kartenausschnitt ließ sich scalieren. Im unteren Bild ist das Baggerfeld vergrößert zu sehen.

Auf einem Monitor war das Feld sichtbar, das bereits abgearbeitet worden war. Voraussetzung für eine gezielte und systematische Vorgehensweise beim Baggern, ist das Wissen um den eigenen Standort. Auf dem Wasser ist dies nur indirekt möglich, da man natürlich nicht direkt auf den Grund sehen kann. Hier auf ODIN wird die Position stets per GPS bestimmt. Für den Fall, dass das GPS einmal ausfallen sollte, besaß Reinhold auch einen optischen Entfernungsmesser, um mittels geeigneter Bezugspunkte eine präzise Positionsbestimmung durchführen zu können. Dieses Gerät sah aus wie ein langer Metallzylinder. Man hielt es aber nicht wie ein Fernrohr, sondern quer vor die Augen und sah durch ein seitlich sitzendes Objektiv.

Reinhold führte die Einstellungen für die Baggertiefe und den Vortrieb manuell aus und zeigte mir die entsprechenden Mess- und Bedieneinrichtungen. Doch ich vermochte es nicht, all diese Dinge "mal so eben auf die Schnelle" aufzunehmen. Dazu hätte es einer intensiven Schulung bedurft. Ich fragte warum der Bagger nicht quietscht, denn ich erinnerte mich, dass solche Maschinen früher einen kreischenden Lärm verursachten. Nein, das sei heute nicht mehr der Fall, erfuhr ich.

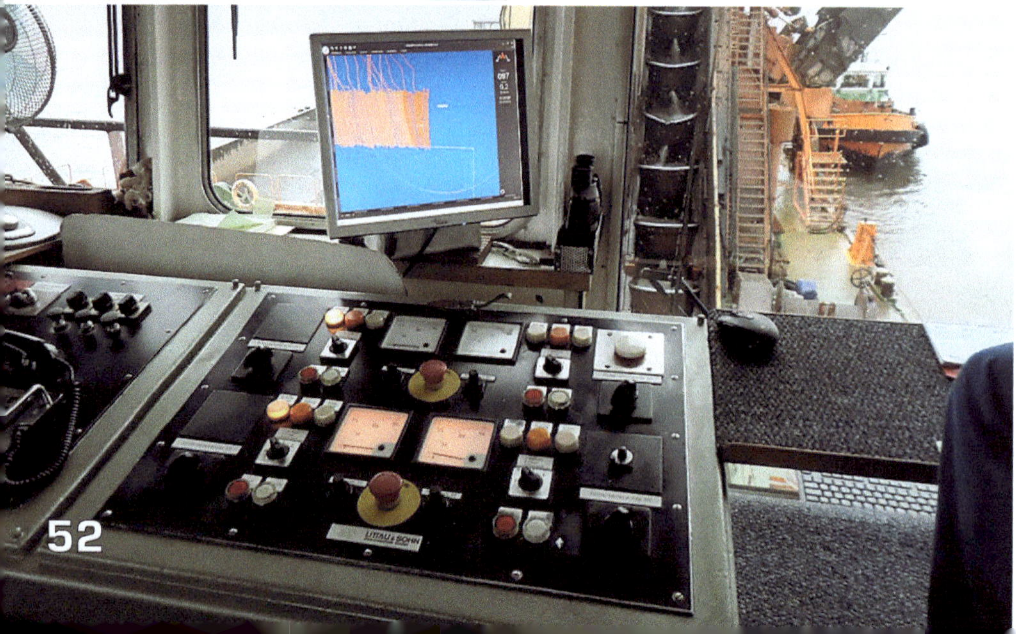

Die Kettenlager seien mit Teflon ausgekleidet worden. Heute äußert sich das Arbeitsgeräusch nur noch als dumpfes Gerumpel und dies sei auch nur unmittelbar auf dem Bagger warzunehmen.

Es war tatsächlich zu spüren, dass ODIN durch die Unterwasserarbeit der Eimerschaufeln vibrierte und erschüttert wurde. "Wenn wir auf einen großen Stein stoßen, dann merken wir das sofort, dann wackelt das ganze Ding", erzählte Reinhold. "Ich fahre dann wieder ein Stück zurück, um den Stein seitlich etwas freizugraben. Mit etwas Glück löst er sich und fällt in einen der Eimer. Das spürt man alles hier oben! Wir hatten hier schon so manche Schwierigkeiten mit großen Klamotten, die plötzlich in einem der Eimer auftauchten. Dann muss man die Kette rechtzeitig stoppen und den Fremdkörper irgendwie herausholen, sonst könnte die Entleerung weiter oben beschädigt werden. Manchmal werden auch Eimer beschädigt und müssen ausgetauscht werden."

Das Fahrwasser versandet laufend und so haben Reinhold und seine Mannschaft immer etwas zu tun.

Wenn ein größeres Schiff den Bagger passieren muss, werden die Ankerdrähte heruntergelassen, damit es zu keiner Havarie kommt.

ODINs Besatzung bestand aus 5 Personen. Nachts wurde nicht gebaggert, da wurde geruht, um die Arbeitsbedingungen erträglich zu halten. Während die Besatzung schlief, war eine zusätzliche Person an Bord, die sogenannte "Nachteule". Die würde bei besonderen Ereignissen reagieren oder notfalls die Besatzung wecken.

ODIN hat keinen regulären Schiffsantrieb, muss also für einen Ortswechsel geschleppt werden. Das geschieht normalerweise mit zwei Schleppern. Einer schleppt vorn, der zweite macht an der Seite fest und steuert. Ich dankte Reinhold für seine anschaulichen Ausführungen und hielt nach dem Schlepper HOFE ausschau.

Unermüdlich fördert die Maschine Schlick, also ein variables Gemisch aus Sand, Kies, Lehm und Wasser, ans Tageslicht. Die sogenannten "Eimer" sind stählerne Wannen, deren Ladevolumen jeweils 650 l beträgt.

Auf dem Schlepper HOFE begann Andreas bereits ein Fahrmanöver einzuleiten.
Ich hatte auf ODIN am Brückenausgang einen guten Beobachtungsplatz eingenommen.
Der Schlepper demonstrierte jetzt bei voller Fahrt seinen Wendekreis, ging auf Gegenkurs und passierte mit hoher Fahrt meinen Standort. Anschließend beschrieb HOFE noch eine elegante "8" und strebte schließlich wieder dem Bagger zu, um längsseits festzumachen.

Vor dem Kreuzfahrt Terminal demonstrierte der Schlepper und Eisbrecher HOFE seine Fahrleistung.

Für ein "braves Arbeitpferd", das üblicherweise Schuten schleppte, war dies eine recht beeindruckende Vorstellung gewesen. Die Dynamik der Bewegungen und der weiche Klang der Maschine lassen sich hier leider nicht wiedergeben.
Ich stieg wieder um und Andreas brachte mich mit dem Schlepper zur Überseebrücke.

Auf dem Pontonanleger verharrte ich noch für einen Moment. Der Schlepper entfernte sich und war bald zwischen einigen bunten Lichtern im Hafen nur noch schwer auszumachen.
Eine farbige Dämmerung überspannte die Szene.
Minuten später saß ich in der U-Bahn.
Alles erschien mir unwirklich.
Es brauchte noch eine Weile, bis ich mich wieder gefangen hatte.

Das Wetter ändert sich, die Jahreszeiten wechseln. Die Arbeiten im Hamburger Hafen müssen sowohl bei gutem als auch bei schlechtem Wetter erledigt werden. Dabei kommt der Schlepper HOFE an vielen Stellen tagtäglich zum Einsatz.

Auch bei rauem Wetter findet der tägliche Betrieb statt. Hier verholt HOFE den Greifbagger FAFNER.

HOFE (im Vordergrund) mit dem Eimerkettenbagger ODIN im Schlepp. Seitlich assistiert Schlepper HEINRICH HÜBBE. (Juli 2014)

Dieses Foto hatte mir Heino zur Verfügung gestellt. Vielen Dank an dieser Stelle!

HOFE
Datenübersicht

Baujahr: 1986
Werft: Theodor Buschmann, Hamburg
Baunummer: 215
Auftraggeber: Strom- und Hafenbau, Hamburg
Länge: 21,90 m **Breite:** 6,44 m
Tiefgang maximal: 2,70 m
Tiefgang hinten mit Ballast: 3,20 m
Verdrängung: 137 t
Hauptmaschine: MAN 6-Zylinder Diesel
Leistung: 652 PS bei 800 U/min
Kort-Düsenruder, Becker-Ruder
Geschwindigkeit: 11,4 Kn **Pfahlzug:** 8 t

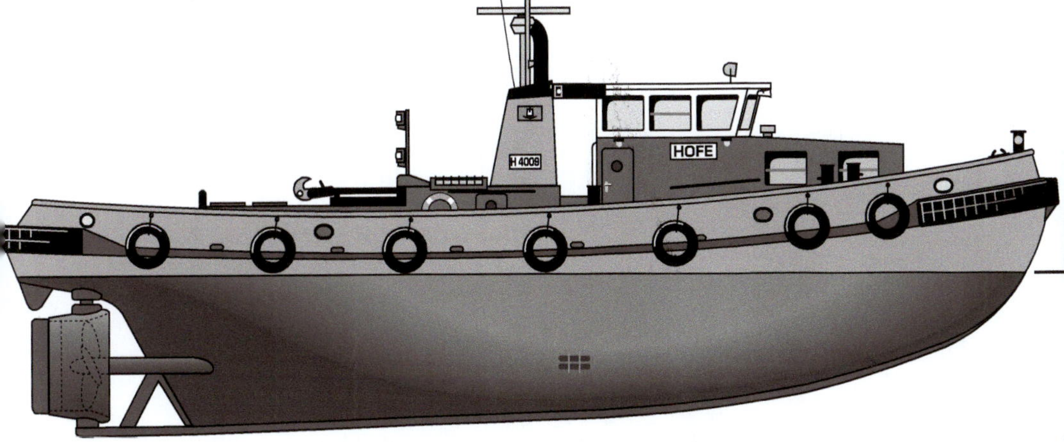

Seitenansicht im Maßstab 1:150

NEßSAND

Die flinke Schleppbarkasse hat mehrere Schwestern

Am Mittwoch den 4. März, am dritten Tag meines Besuches bei der HPA, wurde ich mit der Barkasse NEßSAND von der Überseebrücke zum Hansahafen, zum HPA-Standort am Lübecker Ufer gebracht. Dort sollte ich die Gelegenheit erhalten, den Schlepper OTTO HÖCH zu besichtigen.

Die NEßSAND kam bereits aus östlicher Richtung zum Pontonanleger, machte eine Drehung, setzte einige Meter zurück und machte vor mir fest.

Die HPA betreibt sechs Barkassen dieser Art: NEßSAND, BILLWERDER, RICHARD KRANZ, MOORWERDER, BAGGER BAAS und BUNTHAUS.

Die Boote sind praktisch baugleich und stammen aus einer Serie, wobei BAGGER BAAS etwas länger ist als die übrigen Fahrzeuge.

Baugleich mit NEßSAND sind auch die Barkassen BILLWERDER und RICHARD KRANZ.
Hier ist BILLWERDER am Ponton der Überseebrücke (Bild links) und im Reiherstieg (Bild unten) zu sehen.

Schleppbarkasse RICHARD KRANZ mit Anhang, einem Greifbagger und einer Schute, bei auflaufender Flut auf der Norderelbe.
Auch dichtes Treibeis bereitet dem kräftigen Boot keine Probleme.
Im Hintergrund kreuzt Eisbrecher und Schlepper HAFENBAU 2 das Fahrwasser.

Die Fahrzeuge dieser Serie wurden in den 70'er Jahren auf der Staackwerft in Lübeck gebaut.

Eine weitere Barkasse, CARL LORENZEN, hat zwar eine vergleichbare Größe, jedoch eine andere Bauform und wurde bereits 1962 auf der Schiffswerft E. Menzer in Hamburg-Bergedorf hergestellt.

Mit diesen Booten werden allerlei Kleintransporte zwischen den Arbeitsstellen abgewickelt. Es werden Personen befördert, Kontrollfahrten durchgeführt und es wird auch geschleppt!

Eine Ausnahme bildet hier wiederum BUNTHAUS. Diese Barkasse wird vom Oberhafenamt ausschließlich für Dienstfahrten eingesetzt.

Speziell in flachen Gewässern, dort wo die größeren Schlepper wegen ihres Tiefganges nicht mehr hinein kommen, werden mit den Schleppbarkassen selbst größere Schuten bewegt und in tieferes Wasser gebracht, wo sie dann von einem Schlepper übernommen werden. Dafür hat eine solche Barkasse auch einen Schlepphaken und einen kräftigen Motor.

Schleppbarkasse MOORWERDER auslaufend aus dem Kehrwiederfleet in den Niederhafen

In einem flachen Abschnitt des Reiherstiegs schleppt MOORWERDER eine beladene 430'er Schute bis zu einer Stelle, an der Schlepper HEINRICH HÜBBE die Schute übernimmt.

Schleppbarkasse CARL LORENZEN wurde bereits 1962 gebaut und gehört nicht zur Serie der übrigen Barkassen.

BUNTHAUS verfügt über keine Schleppeinrichtung und wird ausschließlich für Dienstfahrten eingesetzt.

BAGGER BAAS arbeitet gegen Strömung und Wind auf der Norderelbe.

Durchfahrt am Niederhafen, vor der Baustelle an der Flutschutzanlage am Baumwall.

*Früh morgens kam die Barkasse
zum Anleger.*

Heute hatte ich also das Vergnügen, mit
einer solchen Schleppbarkasse mitfahren
zu dürfen.

NEßSAND machte am Ponton fest
und schwankte einwenig im bewegten
Elbwasser.

Ich stieg an Bord und traf Martin und Jan,
die Besatzung des stattlichen Bootes.

Die Barkasse war gut ausgestattet.

Es war ja auch kein altes Boot.

Im Ruderhaus konnten sich auch mehrere
Personen bequem aufhalten.

Im Vorschiff gab es eine geräumige Kabine,
mit gepolsterten Bänken und einem Tisch.

Es bestand auch die Möglichkeit, eine
einfache Mahlzeit anzurichten.

*Martin im Ruderhaus
auf der Barkasse NEßSAND*

Mit einem solchen Schiff würde ich gern
eine Urlaubsfahrt machen.

Ich hatte diese Art von Barkassen über die
Jahre natürlich schon des öfteren aus der
Entfernung gesehen und die Form dieser
kleinen Schiffe hatte mich schon immer
angesprochen.

*Im Vorschiff gab es auch
eine kleine Kombüse.*

*In schneller Fahrt ging es die Norderelbe
entlang und in den Hansahafen hinein.
Dort begegnete uns ein Schwesterschiff
der NEßSAND, die Schleppbarkasse
MOORWERDER.*

Am Ende des Hansahafens erreichten wir den HPA-Standort am Lübecker Ufer.

Das Herz der Barkasse, ein kräftiger 6-Zylinder Diesel der Marke MAN.

Einen regulären Maschinenraum gab es in diesem relativ flachen Boot natürlich nicht. Der Motor war mittschiffs eingebaut und von einer Blechverkleidung umgeben. Jan, der Schiffsmechaniker, öffnete die Motorabdeckung, sodass ich die Maschine fotografieren konnte.

Der Motor sah praktisch nagelneu aus. Es war ein 6-Zylinder MAN-Dieselmotor vom Typ D2866 LXE40. Die Maschine leistete 258 PS bei 1600 U/min und verlieh dem kleinen Schiff ein äußerst dynamisches Fahrverhalten.

Leider war die Fahrt mit der Barkasse nur von kurzer Dauer, zumal es sich ja auch um ein schnelles Boot handelt und die Fahrstrecke nur 1,6 nautische Meilen, also etwa 3 Kilometer betrug.

Wir hatten den Hansahafen und das Lübecker Ufer erreicht.

Ich dankte Martin und Jan und ging von Bord, um wie geplant, den Schlepper OTTO HÖCH zu besichtigen.

Wir kamen direkt an OTTO HÖCH heran und machten längsseits fest.

NEßSAND

Datenübersicht

Baujahr: 1974
Werft: Staackwerft, Lübeck-Herrenwyk
Baunummer: 215
Auftraggeber: Strom- und Hafenbau, Hamburg
Länge: 15,10 m **Breite:** 3,50 m
Tiefgang bis zur Basis: 1,20 m
Tiefgang hinten: 1,40 m
Verdrängung: 18 t

Maschine: 6-Zylinder MAN-Dieselmotor
Typ: D2866 LXE40
Leistung: 258 PS bei 1600 U/min

Seitenansicht im Maßstab 1:150

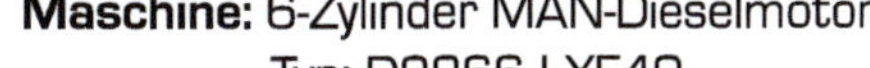

Ein letztes Foto von der NEßSAND, aufgenommen vom Brückendeck des Schleppers OTTO HÖCH.

OTTO HÖCH lag an diesem Morgen am Lübecker Ufer in Bereitschaft.
Gestern wurden hier Teile eines großen, hölzernen Dalbens abgeladen. Diese stammten aus Finkenwerder und wurden auf einem Ponton hierher gebracht, mit dem Kaikran an Land gehievt und mit Motorkettensägen zerlegt.
Es war einer der letzten Dalben dieser Art. Sie wurden nach und nach durch Stahldalben, die tief in den Hafengrund getrieben werden, ersetzt.
Auf dem Transportponton befand sich an diesem Morgen eine hauchdünne Eisschicht, auf der ich beinahe ausgerutscht wäre, während ich mich umsah.

Im Niederhafen gab es noch einpaar marode hölzerne Dalben (Bild links). Inzwischen wurden auch diese durch Stahldalben ersetzt.

Der Dalben in Finkenwerder, um den es im Text geht, hatte allerdings einen wesentlich größeren Umfang, vergleichbar mit den Bauten im Bild darunter. (Köhlfleethafen, Finkenwerder)

Nebenan lag ein Mehrzweckprahm.
Es war ein Arbeitsponton mit Werkstatt,
Kran und Ladefläche.
Die Werkstatt war unter anderem mit einer
Standbohrmaschine, einer langen Werk-
bank, einem schweren Schraubstock aus
Schmiedestahl, Sägen, Trennschleifern
und Schweißgeräten ausgerüstet.

Der Mehrzweckprahm im Einsatz
bei Instandsetzungsarbeiten
an den St.-Pauli-Landungsbrücken.

Der Mehrzweckprahm wurde 1977 gebaut. Er ist 24,30 m lang, 7,00 m breit
und hat einen Tiefgang von 0,70 m. Die Höhe ist mit 5,50 m angegeben.
Der Kran hat eine Hebekraft von 1,5 t bei einer maximalen Ausladung von 16,5 m.
Im Deckshaus befinden sich Wohn- und Sanitärräume, sowie ein Werkstattbereich.

Auf unserem Rundgang stiegen wir zunächst in den Maschinenraum. Hier blitzte es so sauber, wie in einer Molkerei. Die Motor machte nach 11 Betriebsjahren einen neuwertigen Eindruck.

Als ich am Lübecker Ufer ankam, waren Harald und Jan noch auf dem Mehrzweckprahm gewesen. Sie gehörten zum Schlepper, gingen jetzt zurück an Bord und zeigten mir das Schiff.

Janik war als Praktikant mit dabei.

Es war recht kalt an diesem Morgen und es zog uns daher in die Innenräume des Schiffes. Zunächst stiegen wir in den Maschinenraum.

OTTO HÖCH wird meistens in der Baggerei eingesetzt.

Mit dem Bau des Schiffes wurde bereits vor dem Zweiten Weltkrieg begonnen. Die Fertigstellung erfolgte jedoch erst 1946. Zunächst war es ein Dampfschlepper mit einer Maschinenleistung von 175 PS. Es gab achtern eine separate Unterkunft für den Maschinisten und die Decksleute. 1974 erfolgte der Umbau zum Motorschlepper. OTTO HÖCH erhielt einen Dieselmotor. Dieser Motor wurde 2004 wiederum ersetzt und zwar durch einen V8-Zylinder Diesel der Marke MAN. Die Maschine leistet 350 PS bei einer maximalen Drehzahl von 1800 U/min. Sie treibt einen 4-Blatt Propeller von 1,5 m Durchmesser.

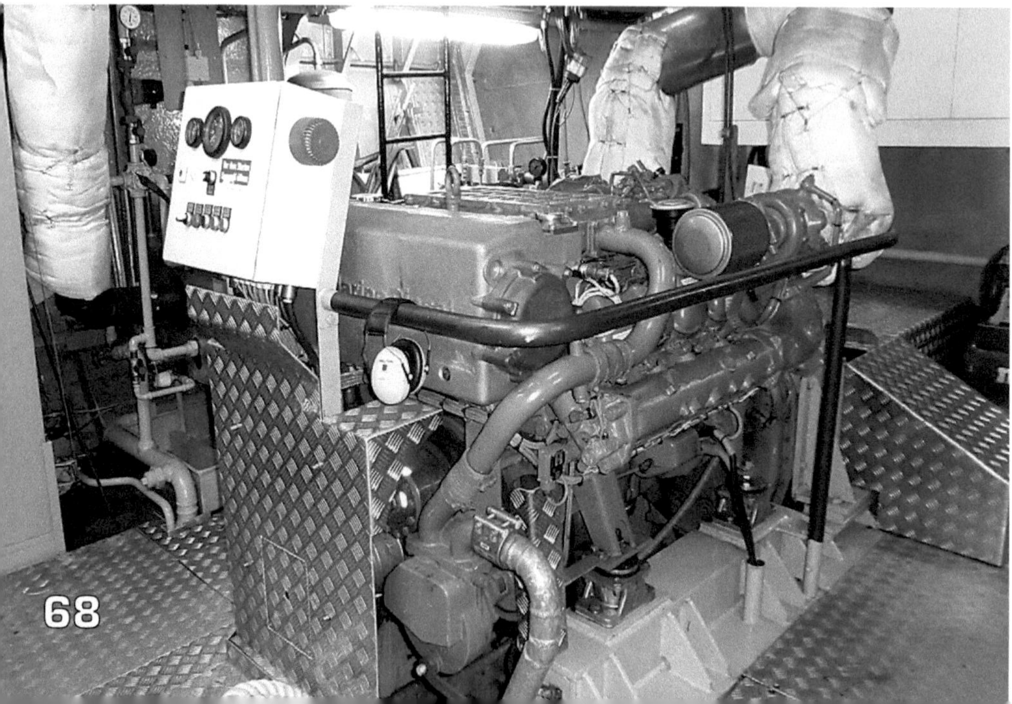

Der Bunkervorrat beträgt 7500 l und reicht für etwa acht Wochen.
"Hinter der Antriebsschraube hängt ein Ruderblatt von der Größe eines Scheunentores", schilderte Harald. Das Blatt wird an seiner Oberkante durch eine Eisnase geschützt. Der Bugsteven hat die typisch abfallende Form, wie sie sich bei Eisbrechern bewährt hat. Durch diese Form und das Eigengewicht wird das Eis heruntergedrückt und gebrochen.

Seitlich im Maschinenraum war auch der Hilfsdiesel untergebracht. Es ist eine 4-Zylinder-Maschine der Marke Deutz. Damit wird der Stromgenerator angetrieben. (Bild oben rechts)

Auf dem rechten Bild ist die Lenz- und Bergungspumpe zu sehen. Mit dieser Pumpe wird auch der Wasserwerfer versorgt.

Das untere Bild zeigt das Getriebe. Im Hintergrund, rechts sind Teile der Hydraulikanlage sichtbar.

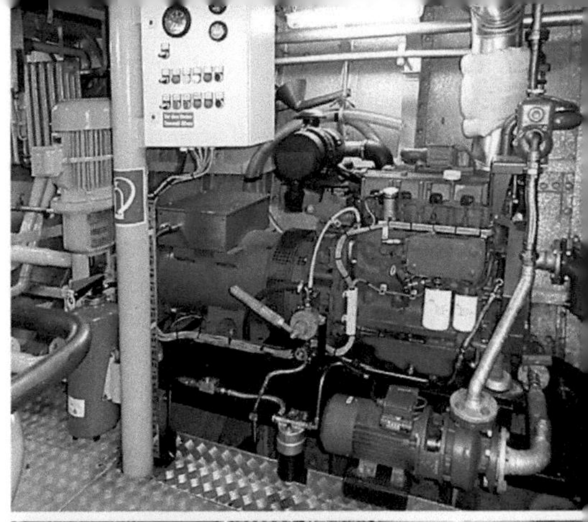

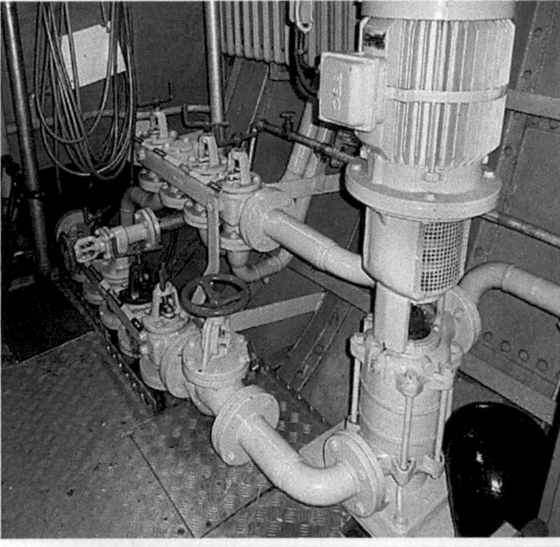

Als dieser Schlepper gebaut wurde, war es noch üblich, die Außenhaut zu vernieten. Allerdings wurden die Köpfe der Nieten im Laufe der Jahre, während zahlreicher Eiseinsätze mehr und mehr durch das Eis abgeschliffen, bis hier und da auch mal ein Niet herausriss. Nachträgliches Schweißen brachte das Problem, dass sich der Stahl dabei durch die Wärme verzog und weitere undichte Stellen entstanden. Daher war es mitunter besser, wenn man den Verlust einer Niete einfach inkaufnahm.

Bei langen Einsätzen wird man an Bord zum Selbstversorger.
Im Vorschiff gibt es eine Kabine mit Schlafmöglichkeiten, die tagsüber durch ein Oberlicht erhellt wird.
In der kleinen Kombüse können einfache Mahlzeiten zubereitet werden.

"Bei Eisgang mussten wir zum Beispiel auch regelmäßig zur Billwerder Bucht", erzählte Harald. "Dort musste das Hochwassersperrwerk und die Zufahrt zum Kraftwerk Tiefstack stets freigehalten werden, damit die Tore des Sperrwerkes bewegt und das Kraftwerk mit Kohle beliefert werden konnte. Bei Hochwasser hätte das Stadtgebiet sonst überflutet werden können oder die Kohlefrachter wären nicht mehr durchgekommen.
Dann gäbe es keinen Strom, keine Fernwärme, nur Überschwemmung und Kälte. Dann wäre Feierabend!"
Wenn das Eis besonders dick war, musste es mit dem Bug Stück für Stück regelrecht abgeschnitten werden.
Das war die einzige Möglichkeit.
Aber nicht jeder Winter brachte Eisgang für die Gewässer in Hamburg mit sich.
Sicher, in manchen Jahren gab es monatelang Frost. Dann war auch die Außenalster zugefroren und viele Hamburger trafen sich zum Schlittschuhlaufen und Glühweintrinken auf dem künstlich aufgestauten See inmitten der Stadt.
Manche Winter waren wiederum mild, völlig ohne Eis.
OTTO HÖCH wurde deshalb aber nicht arbeitslos, als Eisbrecher sicher, aber nicht als Schlepper und Arbeitsschiff.
Denn so, wie für die übrigen Fahrzeuge der HPA, gibt es auch für dieses Schiff vielfältige Einsatzmöglichkeiten.

Ein winterlich vereister Hafen mag ein
reizvolles Postkartenmotiv sein.
Auf der Elbe kommen die Schiffe allem
Anschein nach gut voran.
Tatsächlich bereitet die Aufrechterhal-
tung des Hafenbetriebes und damit der
gesamten Infrastruktur sehr viel Mühe.

Auf dem rechten Bild bahnt sich Bunker-
schiff ELBETANK II einen Weg zu den
Barkassen der HPA. Die Boote benötigen
den Brennstoff ja nicht nur für die Motoren, sondern auch für die Beheizung
der Kabine und aller Systeme.

Für den Eisbrecher OTTO HÖCH und seine Besatzung
führen lange Kälteperioden zum Dauereinsatz.

OTTO HÖCH machte zwar einen sehr sauberen und gepflegten Eindruck.
Der Rumpf war jedoch nach etwa 70 Jahren Betrieb stark verschlissen. Es wäre schon gut, wenn der Schlepper in naher Zukunft durch einen Neubau mit zeitgemäßem Komfort für die Besatzung und moderner Technik ersetzt werden würde.
Auf dem Achterdeck gab es eine größere freie Fläche. Diese war mit Gummimatten belegt. Hier konnten bis zu 6 t Ladung untergebracht werden. Dafür mussten zuvor 4 t Ballastwasser aus der Achterpiek gelenzt werden. Die Ladung konnte auch mit dem bordeigenen Kran übernommen werden. Dieser wurde hydraulisch betrieben und hatte bei voller Auslegung eine Hebekraft von immerhin einer Tonne.
Das Schiff war sogar mit einem Wasserwerfer ausgerüstet. Dieser wurde vornehmlich zum Enteisen von Steigbügeln und Trittstufen an Kaimauern oder Dalben eingesetzt, sofern sich dort bei entsprechendem Winterwetter Eispanzer gebildet hatten.

Mittschiffs war seitlich, an einer begehbaren Plattform, auch ein Wasserwerfer installiert.

Werkzeug lag griffbereit und geordnet an
gewohnter Stelle. Gasflaschen waren mit
Ketten gesichert. Spanndrähte hingen
mittschiffs nach Art und Länge sortiert.
Es gab hier mehr Dinge als ich hätte
aufzählen können.
Aber alle hatten sie Eines gemeinsam.
Es waren Arbeitsmittel.
Ein einziger Berg Mühsahl, zu dem Schluss
könnte man kommen.
Nichts für "Feine Pinkel", aber etwas für
Leute, denen es um die Instandhaltung
des Hamburger Hafens geht.

*Auf dem freien Achterdeck können bis zu
6 t Ladung gestaut werden. (Bild oben)*

*Zur Übernahme von Ladung, z. B. von
Schweißtransformatoren, Kompresso-
ren oder Baumaterial wie Bohlen oder
andere sperrige Gegenstände, steht ein
Bordkran zur Verfügung.
Neben dem Kran ist im rechten Bild
auch der Schlepphaken zu sehen.
Desweiteren ist der Schlepper mit
diversem Arbeitsgerät und Werkzeugen
ausgerüstet.*

Harald im Ruderhaus auf dem Schlepper und Eisbrecher OTTO HÖCH

Der nächste Job lag an.
Der Ponton, mit dem gestern der Dalben befördert wurde, musste wieder zurück nach Finkenwerder geschleppt werden. "Da brauchst Du aber nicht mitzufahren", meinte Harald zu mir. Für mich war bereits ein weiterer Schauplatz gewählt worden. Nicht weit von hier, in der Nähe der Norderelbbrücken wurde der Eisbrecher und Schlepper HUGO LENTZ eingesetzt, um einen Greifbagger zu bewegen. Dorthin brachten mich Harald und Jan, bevor es für sie mit dem Ponton weiter nach Finkenwerder ging.

Kurz vor dem Ziel passierten wir den Eimerkettenbagger ODIN, mit dem weiterhin im Fahrwasser der Norderelbe gebaggert wurde. (mittleres Bild)

OTTO HÖCH
Datenübersicht

Baujahr: 1946 - Dampfschlepper
Werft: Scheel & Jöhnk, Hamburg-Harburg
Baunummer: 336
Auftraggeber: Strom- und Hafenbau, Hamburg
Umbau zum Dieselschlepper: 1974

Länge: 21,50 m **Breite:** 5,80 m
Tiefgang maximal: 1,87 m
Durchfahrtshöhe: 5,50 m
Verdrängung: 76,50 t

Hauptmaschine: V8-Zylinder MAN-Diesel Typ D 2848LE
Leistung: 350 PS bei 1800 U/min
Antriebsschraube: Vierblatt, Ø1500 mm
Ladekran: Hebekraft 1,89 t/4,3 m
0,95 t/8,2 m

Seitenansicht im Maßstab 1:150

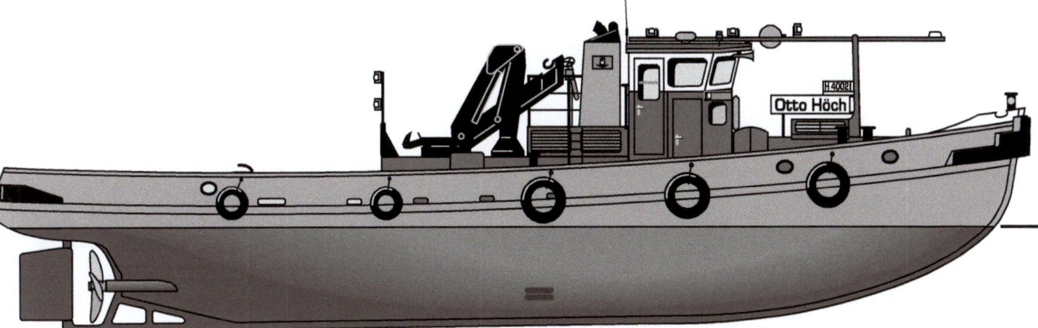

HUGO LENTZ
Eisbrecher im Spezialeinsatz

Am Südufer der Norderelbe, kurz vor den Norderelbbrücken, genau gesagt am Holthusenkai, lagen drei grundverschiedene Fahrzeuge, beziehungsweise Gerätschaften. Denn ob ein Schwimmbagger ohne eigenen Antrieb als Fahrzeug zu bezeichnen ist, war mir nicht ganz klar.

Bei dem Bagger handelte es sich um einen Greifbagger. Das Absenken und Heben, sowie das Öffnen des Greifers erfolgte mittels Stahlseilen. Der Bagger trug den Namen FAFNER und es waren einige Leute an Bord, die darauf umhergingen und miteinander diskutierten.

Kaum beachtet wurde eine 50'er Schute, die am Baggerponton befestigt war. Entsprechend der Aufschrift betrug das Volumen der Lademulde 50 cbm. Derzeit war die Schute jedoch leer. Das dritte Objekt der Gruppe war der Eisbrecher und Schlepper HUGO LENTZ, also eindeutig ein Fahrzeug. Mit diesem Schiff sollte dieses Gespann auf der Elbe bewegt werden.

Vinzenz schien nicht besonders glücklich über diese Konfiguration. Er kam aus der Binnenschifferei und war seit fünf Jahren Schiffsführer an Bord dieses Schleppers. Er mochte es am liebsten, eine Schute auf den Haken zu nehmen und ganz konventionell zu schleppen. Dieses Gespann würde sich dagegen nicht so gradlinig bewegen lassen. Als Schlepperkapitän fühlte er sich verantwortlich für die Sicherheit aller beteiligten Personen und den Ablauf der bevorstehenden Aktion.

Marcel, Schiffsmechaniker und Decksmann, hatte kurz zuvor den Maschinenraum inspiziert und warf nun einen prüfenden Blick auf die Leinenverbindungen.

Ich saß im Ruderhaus des Schleppers und bevor es losgehen sollte, klärte mich Vinzenz über das heutige Vorhaben auf. Es sollten Bodenproben vom Grund der Elbe mit Hilfe des Baggers aufgenommen werden. Normalerweise wurden mit diesem Schlepper Schuten für die üblichen Baggertätigkeiten befördert. Es sei denn, das Schiff fuhr im Winter als Eisbrecher. Die heutige Aufgabe war also etwas untypisch. Für die Entnahme der Bodenproben sollten sogenannte Punktbaggerungen an verschiedenen Stellen vorgenommen werden. Diese Stellen waren zuvor von Fachleuten, die sich jetzt auf dem Bagger befanden, festgelegt worden. Einen Plan von diesen Baggerstellen hatte Vinzenz als Karte auf dem Steuerpult liegen.

Bereit für einen Spezialauftrag, lag HUGO LENTZ mit einem Bagger und einer Schute am Holthusenkai.

Schiffsführer Vinzenz im Ruderhaus auf dem Schlepper HUGO LENTZ

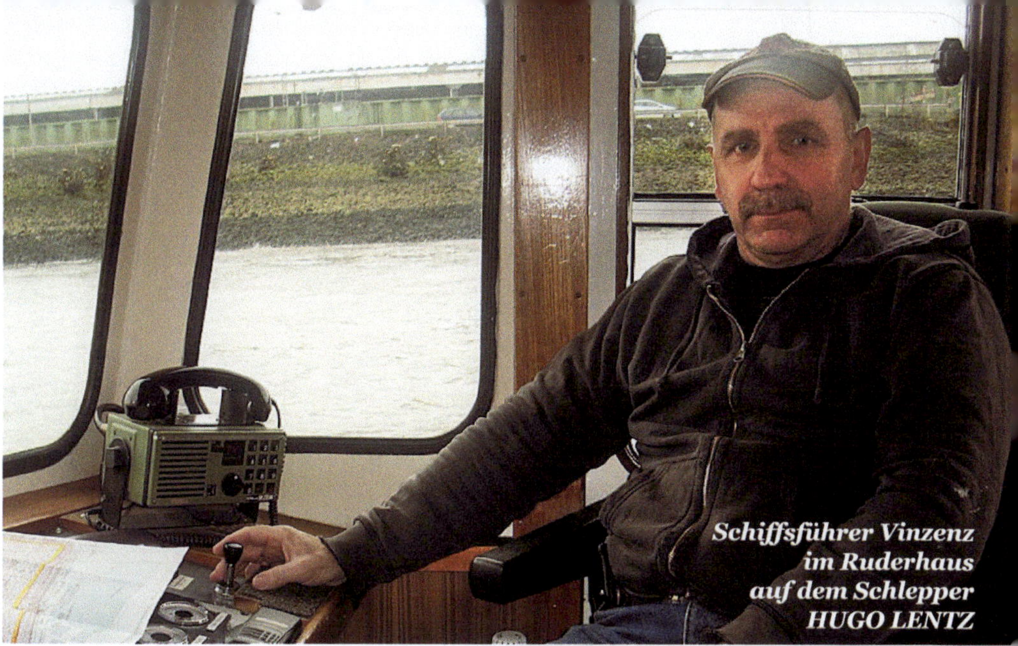

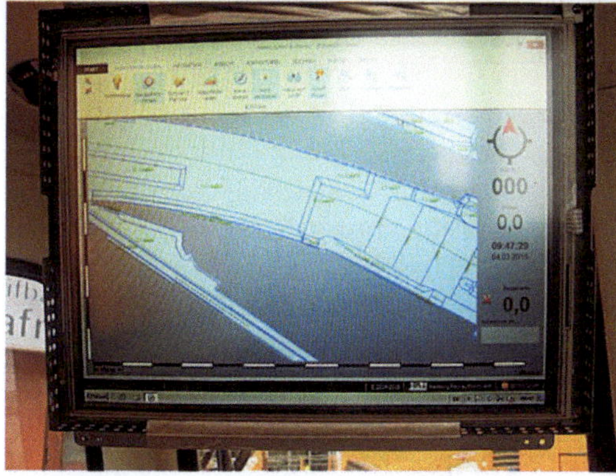

Parallel dazu wurde diese Übersicht auch auf einem Bildschirm wiedergegeben. Auch die eigene Position war darin zu erkennen. Weitere Daten konnten bei Bedarf zugeschaltet werden.

“Wir wollen uns für unsere Vorhaben technisch weiter entwickeln”, erklärte Vinzenz. “Dieser Schlepper soll in naher Zukunft durch ein neues Fahrzeug ersetzt werden. Die neuen Hilfsmittel zur besseren Navigation und Koordination der Arbeiten versuchen wir aber schon heute einzusetzen und anzuwenden, damit wir bei der Übernahme des neuen Schiffes mit ihnen vertraut sind.”

Das Arbeitsgebiet war mit einigen Informationen sowohl als Papierkarte als auch in digitaler Form vorgegeben.

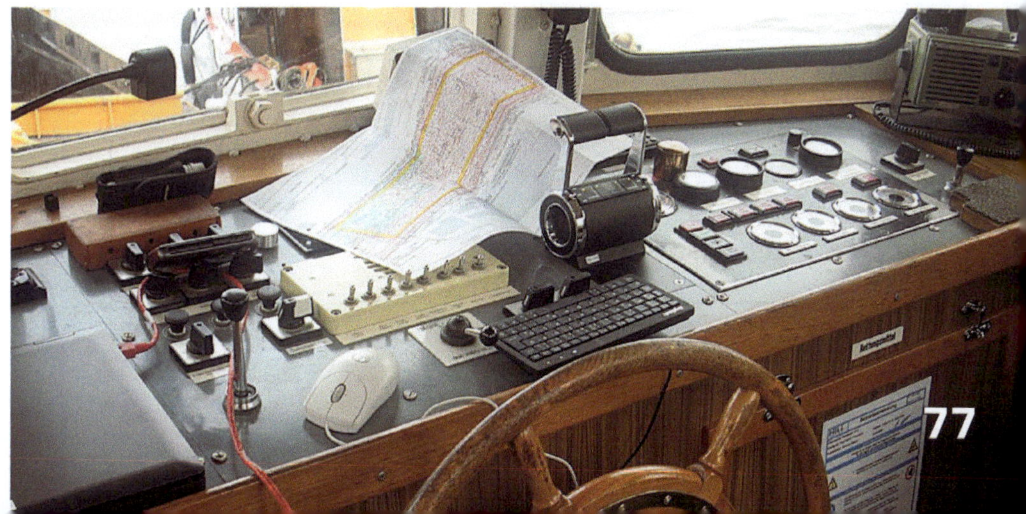

Vom Ruderhaus des Schleppers vollzieht Vinzenz alle gewünschten Manöver.

Unser Gespann wurde von der Kaimauer losgeworfen und der Schlepper brachte eine gewisse Bewegung hinein. Der erste Positionspunkt wurde angefahren. Vinzenz glich die Strömung der Elbe mit leichten Drehzahländerungen der Maschine aus und hielt den Bagger auf einer bestimmten Stelle über dem Grund des Flusses. Die Vorgaben erhielt er von Danny. Dieser befand sich auf dem Bagger und stand wiederum mit dem Laborfachleuten in Kontakt.

In der Kanzel des Baggers war Daniel für die Steuerung des Auslegers und des Greifers zuständig.

"Bagger jetzt frei nach Ermessen", kam Vinzenz per Funkkontakt durch. Sogleich verschwand der Greifer im Wasser, tauchte wenige Augenblicke gefüllt wieder auf, wurde über die Ladewanne geschwenkt,

Auf dem Bagger sorgt Danny für eine klare Verständigung.

blieb jedoch geschlossen. Nun stieg einer
der Gutachter vom Bagger auf die Schute,
um den Inhalt des Greifers zu inspizieren.
Schließlich wurde eine Portion davon in
einen kleinen Eimer gefüllt, beschriftet
und auf dem Baggerponton in Verwahrung
genommen. Der nächste Punkt wurde
angesteuert. Erneut jonglierte Vinzenz den
strömungswidrigen Bagger samt Schute
an eine vorgegebene Position auf der Elbe
und musste bei den Manövern immer
wieder improvisieren. HUGO LENTZ war
schließlich kein Hubschrauber, sonder ein
konventionelles Schiff mit einer Antriebsschraube und einem einfachen Ruderblatt.
Erneut griff der Bagger in die Tiefe und
brachte eine Ladung Schlick ans Tageslicht.
Eine Probe wurde entnommen. Der Vorgang wiederholte sich. Insgesamt sollten
etwa 10 Stellen untersucht werden.
Zuweilen unterstützte Daniel mit dem
Bagger die Bemühungen, das Gefährt zu
manövrieren, indem er mit dem Greifer
durch das Wasser ruderte. Die Wirkung
war verblüffend.
Durch Bodenuntersuchungen wie dieser,
können auch die Gerätschaften vorher-
bestimmt werden, mit denen gebaggert
werden soll. Die Zusammensetzung des
Grundes kann aber auch für das Verspülen
oder Aufbringen von Material eine Rolle
spielen. So könnte sich eine beliebig ge-
wählte Kiesmischung, die als Bodenschicht
neu geschüttet werden soll, mit dem vorhandenen, gewachsenen Boden nicht gut
verbinden, sodass sie durch Strömungs-
einwirkungen zu wandern beginnt. Anhand
der Proben können aber auch Umweltein-
flüsse, sowohl natürlicher als auch künst-
licher Art untersucht werden.
Nach etwa drei Stunden "Ballett auf der
Elbe" hatten wir alle Messpunkte abgearbeitet. Vinzenz manövrierte das Gespann
wieder an den Holthusenkai.
Leinen wurden übergeben, durchgeholt
und festgemacht. Allem Anschein nach
war die Aktion erfolgreich verlaufen.

Tonnenschweres Baggergut kommt ans Tageslicht. Es werden jedoch nur kleine Proben entnommen.

Betimmte Positionen werden mitunter durch extreme Fahrmanöver gehalten.

Greifbagger FAFNER

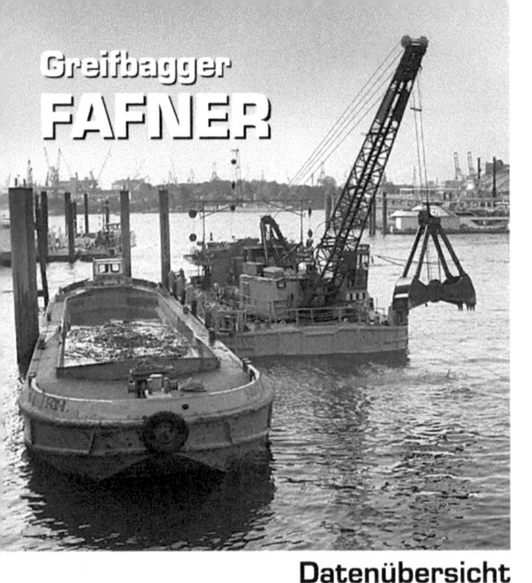

Normalerweise braucht der Greifbagger FAFNER während des Baggerns keine Schlepperassistenz. Der Bagger hält sich mit vier Ankern, um ein Wegdriften zu verhindern. Die Ankerdrähte laufen durch Rollenklüsen über alle vier Ecken des Schwimmkörpers, diagonal von der Mitte des Oberdecks in alle vier Richtungen. In der geometrischen Mitte sind die entsprechenden Winden platziert. Mit Hilfe dieser Winden kann die Position verändert werden.

Datenübersicht

Baujahr: 1972
Werft: Hermann Sürken, Papenburg
Länge: 27,90 m
Breite: 10,50 m
Tiefgang: 1,40 m
Verdrängung: 400 t

Länge des Auslegers: 15 m
Hublast: ca. 12 t
Baggertiefe maximal: ca, 23 m

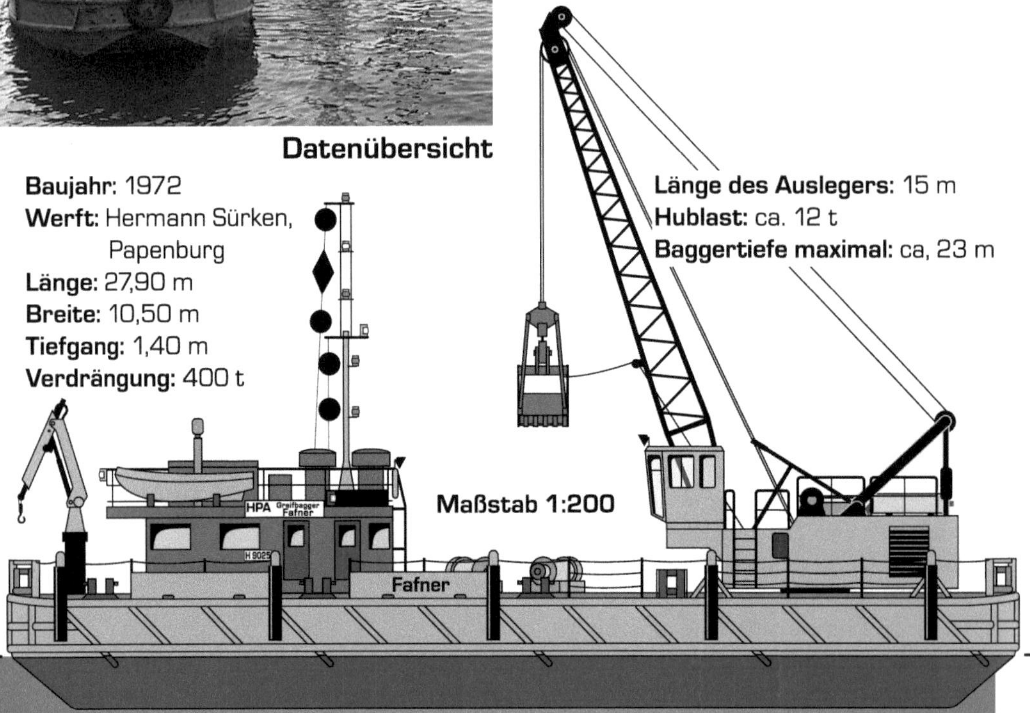

Maßstab 1:200

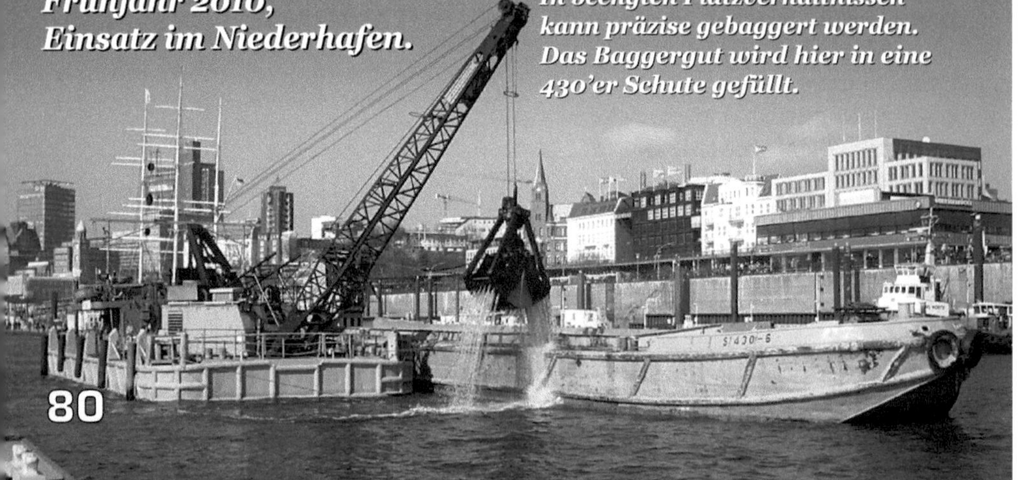

Frühjahr 2010, Einsatz im Niederhafen.

In beengten Platzverhältnissen kann präzise gebaggert werden. Das Baggergut wird hier in eine 430'er Schute gefüllt.

Hinsichtlich der Baggerarbeiten wurde der Eisbrecher OTTO STOCKHAUSEN mit einem Pflug zum Planieren am Heck ausgerüstet. Dieser Pflug wird abgesenkt und über Grund geschleppt, um die Flächen zu ebenen oder ggf. zu säubern.

Datenübersicht

Rumpflänge: 17,25 m
Breite: 4,80 m
Tiefgang: 1,87 m
Verdrängung: 46,50 t

Seitenansicht im Maßstab 1:150

Nach dem erfolgreichen Verlauf der Aufnahme von Bodenproben mit dem Greifbagger, konnten wir uns konkreter über den Schlepper HUGO LENTZ unterhalten.

HUGO LENTZ wurde 1965 als Eisbrecher auf der Werft August Pahl in Hamburg gebaut. Das Schiff verdrängt 71 t. Es ist 18,4 m lang und 4,9 m breit. Der Tiefgang beträgt etwa 2 m. Der Antrieb erfolgt durch einen Dieselmotor der Marke Cummins. Dieser leistet 430 PS und treibt einen Dreiblatt-Propeller, frei laufend, also ohne Kort-Düse. Die Steuerung wird durch ein einfaches Ruderblatt bewirkt. Die Tanks fassen 4200 l Diesel. Gebunkert wird etwa alle 10 Tage. "Das Schiff verhält sich sehr gut im Eis", bestätigte Vinzenz. Auch ich hatte es schon im dichten Eis beobachten können.

Im "Eismonat" Februar 2012 kreuzte HUGO LENTZ zusammen mit weiteren Eisbrechern systematisch auf der Norderelbe.
Das Schiff kam dabei erstaunlich gut voran. Die gebrochene Rinne blieb eine Zeit lang offen. Das Eis fror allerdings zu kompakten Feldern zusammen.
Damals hatte die Einsatzleitung ein Flugzeug gechartert, um die Situation aus der Luft besser beobachten und bewerten zu können. Die Beobachtungen ergaben, dass sich das Eis nicht mehr bewegte. Man entschied einen Abschnitt der Süderelbe aufzugeben und zog die Eisbrecher auf der Norderelbe zusammen, damit über diesen Elbarm das Wasser in Bewegung blieb und der Binnenschiffsverkehr nicht vollständig zum Erliegen kam.

Baggerarbeiten werden auch im Winter durchgeführt, sofern das Wasser an der betreffenden Stelle überwiegend eisfrei ist. Hier nimmt HUGO LENTZ die Schute zunächst "an die Seite", um sie von der Baggerstelle wegzumanövrieren.

*Mittschiffs ist ein beweglicher Schlepp-
haken angebracht, der per Drahtaus-
lösung entriegelt werden kann.*

*Im Vorschiff gibt es eine Kabine, die
sogenannte Logis. Sie ist mit Bänken,
einem Tisch und Einbauschränken ausgestattet. Ein kleines Geschirrspülbecken
und ein Wasserkocher stehen hier zur
Verfügung. Die Flächen sind hell ver-
kleidet. Durch seitliche Bullaugen im
Deckenbereich dringt Tageslicht hinein.*

Vom Oberdeck gab es mittschiffs einen seitlichen Einstieg in den Maschinenraum. Die Hauptmaschine wirkte zwar wuchtig, die Zylinder waren jedoch in Reihe angeordnet. Dadurch fiel der Motorblock nicht so breit aus und es gab ausreichend Bewegungsfreiraum.

Die Treibstofftanks waren seitlich, im ursprünglichen Bauzustand angeordnet. Ebenfalls seitlich stand der Hilfsdiesel. Die Stirnseite (bugwärts) wurde von der Hauptschalttafel eingenommen.

Der 6-Zylinder Reihenmotor der Marke Cummins leistet 430 PS bei 1800 U/min.

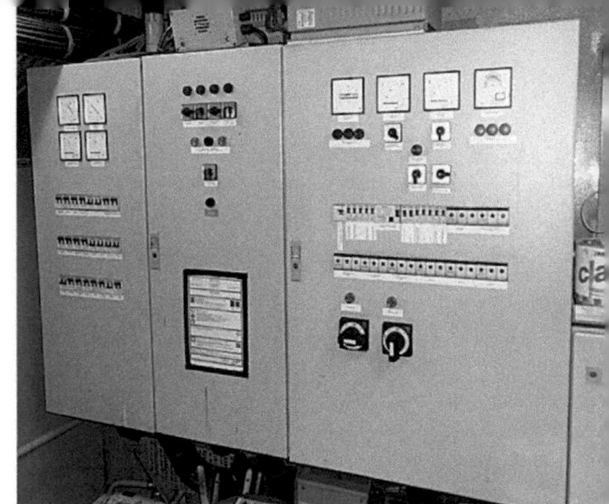

Der Diesel-Generator der Marke Hatz, stellt eine elektrische Leistung von 5 kVA zur Verfügung.

Rechts oben ist die Schalttafel zu sehen.

An einer Seite sind eine ganze Reihe Steckdosen angebracht. (Bild rechts) Vier davon sind Drehstromanschlüsse. Von dieser Verteilung kann auch Strom an andere Fahrzeuge oder eine Baustelle abgegeben werden.

Das Getriebe hat eine Untersetzung von 5,9:1. Es verträgt ein Drehmoment (motorseitig) von 3151,5 Nm.

HUGO LENTZ mit einer 430'er Schute im Schlepp auf der Norderelbe

Vinzenz empfahl mir, nochmals an einem anderen Tag mitzufahren, wenn Schuten auf Leine geschleppt werden.
Das wäre eine typische Arbeitssituation. "Meistens schleppen wir die 430'er Spülschuten. Das Ladevolumen ist mit 1,4 zu multiplizieren. Dann kommt man auf das Gewicht der Ladung. Dieses beträgt dann 600 t", erklärte er.
Gern nahm ich sein Angebot an und hoffte, dass sich für mich eine passende Gelegenheit dafür ergeben würde.

Für diesen Tag sollte sich meine Besichtigungstour noch fortsetzen. Das WASSERBOOT sollte kommen. Die Trinkwasservorräte des Schleppers HUGO LENTZ und auch des Baggers FAFNER sollten aufgefüllt werden.

Eine 430'er Schute hat ein Ladevolumen von, wie die Bezeichnung schon sagt, 430 cbm (Kubikmeter). Das entspricht etwa der Kapazität von 40 LKW's. Bei Baggergut ergibt sich daraus ein durchnittliches Ladungsgewicht von 600 t. Hinzu kommt das Eigengewicht der Schute.

HUGO LENTZ
Datenübersicht

Baujahr: 1965
Werft: August Pahl, Hamburg
Auftraggeber: Strom- und Hafenbau, Hamburg
Länge: 18,39 m **Breite:** 4,88 m
Tiefgang maximal: 2,00 m
Verdrängung: 71 t

Hauptmaschine: 6-Zylinder Cummins-Diesel
Leistung: 430 PS bei 1800 U/min

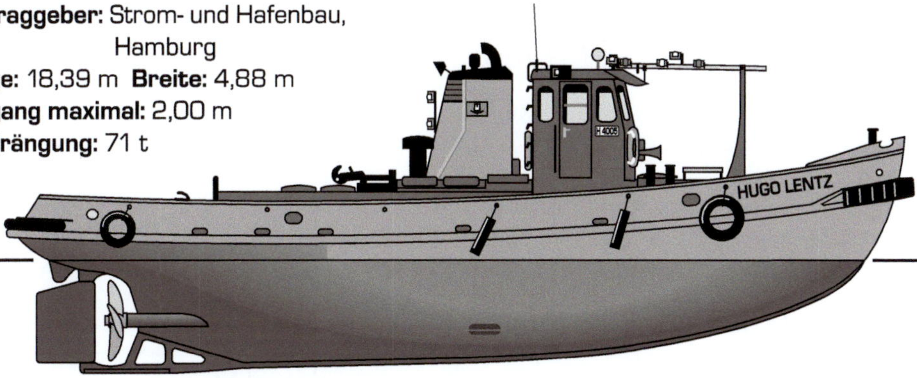

Seitenansicht im Maßstab 1:150

WASSERBOOT
Ein Lotsenboot schleppt Schuten und liefert Trinkwasser

Das WASSERBOOT erhielt seinen Namen, weil es die Fahrzeuge der HPA mit Trinkwasser versorgt.

Ursprünglich war dieses Schiff für den Lotsendienst gebaut und mit dem Namen LOTSE IV in Fahrt gewesen.

Doch auch in der Gegenwart wird es noch im Lotsendienst als Reservefahrzeug eingesetzt. Ein gut erkennbares Zeichen dafür ist die Lotsentreppe an der Backbordseite. Auf diesem Gestell kann der Lotse das Fallreep eines Seeschiffes besser erreichen.

WASSERBOOT kommt längsseits und liefert Trinkwasser.

Meistens ist WASSERBOOT jedoch als
Schlepper, oder wie heute eben als Wasserboot unterwegs.

So kam es auch an diesem Nachmittag zum
Holthusenkai, um an HUGO LENTZ und
den Bagger FAFNER Trinkwasser abzuge-
ben. Das Schiff kam längsseits und machte
fest. Sogleich wurden Schläuche übergeben
und in die Einfüllstutzen der Tanks geführt.
Während die Pumpen liefen stieg ich über
und stellte mich kurz vor.

WASSERBOOT wurde von zwei Personen
gefahren. Heino stand als Schiffsführer
meistens am Ruder, während Hubert sich
als Maschinist auch um die Wasserabgabe
und die Ausrüstung kümmerte. Sein spe-
zielles Augenmerk galt dabei den Pumpen
und den Trinkwassertanks. Das gesamte
Fassungsvermögen dieser Tanks betrug
30 t. Natürlich war dieses Wasser nicht
nur zum Zähneputzen gedacht. Mitunter
musste an verschiedenen Arbeitsstellen
auch verschmutztes Gerät oder Werkzeug
mit klarem Wasser gereinigt werden.
Über die Abgabe von Wasser wurde stets
Buch geführt.

*Schlepper HUGO LENTZ wird mit Trink-
wasser betankt. In der Bildmitte ist der
Wasserschlauch und der Einfüllstutzen
zu sehen.*

*Die Wasserschläuche werden von Hubert
sorgsam und fachgerecht verstaut.*

WASSERBOOT in Fahrt auf der Norderelbe

WASSERBOOT wurde 1951 in Hamburg-Harburg auf der Schiffswerft Scheel & Jöhnk als Lotsenboot LOTSE IV gebaut. Der Umbau zum Wasserboot erfolgte 1976 auf der Werft Heinrich Grube in Hamburg-Oortkaten.

Die Antriebsmaschine, die gegenwärtig vorhanden ist, wurde 2004 eingebaut. Es ist ein 6-Zylinder MAN-Dieselmotor. Die kompakte Maschine leistet 340 PS bei maximal 1800 U/min.

"Mehr wurde uns nicht genehmigt", meinte Heino scherzhaft.

Damit erreicht das Schiff ausreichende 8 kn Fahrt. Der Pfahlzug ist mit 3,25 Mp (Megapont) angegeben. Das entspricht etwa dem gleichen Wert in Tonnen.

Die Maschine kann aufgrund ihrer relativ geringen Größe, bei Fahrtrichtungs-änderung, durch die Schwungmasse der Antriebsschraube abgewürgt werden.

"Das ist jedoch nicht weiter tragisch, dann starten wir eben neu," meinte Hubert.

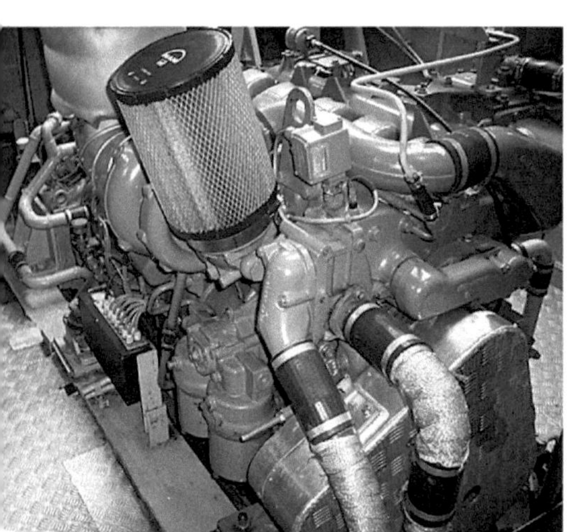

Die Antriebsmaschine, ein 6-Zylinder MAN-Diesel, leistet ausreichende 340 PS.

Schaltschrank, Ventilgruppe und Pumpenstation für die Trinkwasserabgabe.

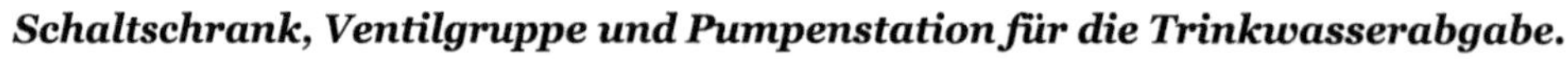

Heino im Ruderhaus auf WASSERBOOT

Spezialschiffe wie WASSERBOOT verfügen auch über spezielle Ausstattungen. So müssen zum Beispiel die Lichter sowohl als Lotsenboot (Topplichter weiß, rot), als auch als Schlepper (Topplichter 2x oder 3x weiß + Schlepplaterne gelb) geführt werden. Im rechten Bild ist die entsprechende Schalttafel zu sehen. Bei geringen Durchfahrtshöhen kann der hohe Signalmast mit der Radarantenne hydraulisch umgelegt werden.

Dienstschluss am Lübecker Ufer. WASSERBOOT geht an seinen Liegeplatz und wird festgemacht.

Die Wasserabgabe war beendet.
Die Schläuche wurden eingeholt und ordungsgemäß verstaut.
Es ging zurück zum Lübecker Ufer. Inzwischen war es später Nachmittag geworden und der Dienst ging für diesen Tag zu Ende.
Heino saß noch vorn, in der geräumigen Kajüte. Dieser Raum war auch für die Lotsen im Versetzdienst als Unterkunft vorgesehen. Für Heino war es jetzt ein Büro. Er hatte noch die Stundenzettel für die Abrechnung zu schreiben.
Ich sagte "Tschüß" und bedankte mich. Für den Heimweg nahm ich die S-Bahn von der nahen Haltestelle Veddel.
Am nächsten Tag hatte meine Frau Geburtstag. Da wollte ich zu Hause bleiben. Für den darauf folgenden Tag nahm ich mir vor, die Stackmeisterei in Finkenwerder zu besuchen. Ich hörte, dass dort um 6.00 Uhr morgens die tägliche Dienstbesprechung abgehalten wurde. Ich wollte dabei sein und gab auch diesen Wunsch bei der Einsatzleitung an. Es gab keine Einwände. Wie bisher, so wusste ich auch diesmal nicht, was mich erwarten würde. Doch zunächst wurde Geburtstag gefeiert.

Als Schlepper unterwegs:
WASSERBOOT mit Mehrzweckprahm (2015)

WASSERBOOT
Datenübersicht

Baujahr: 1951
als Lotsenboot LOTSE NoIV
Werft: Scheel & Jöhnk, Hamburg-Harburg
Umbau zum Wasserboot: 1976 auf der
Werft Heinrich Grube, Hamburg-Oortkaten
Länge über Deck: 20,22 m
Breite auf Spanten: 5,20 m
Tiefgang mittschiffs bis zur Basis: 1,85 m
Tiefgang hinten maximal: 2,45 m
Durchfahrtshöhe: 4,80 m
Verdrängung: 71,50 t

Hauptmaschine:
6-Zylinder MAN-Diesel
Typ D 2866 LXE40
Leistung:
340 PS bei 1800 U/min

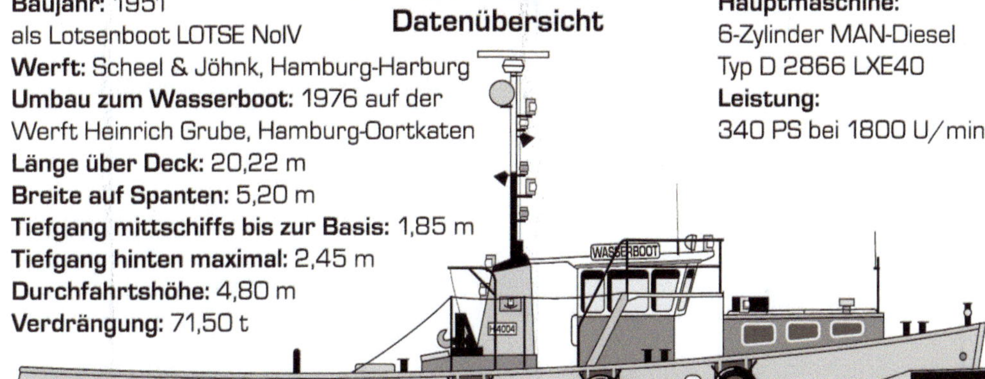

Seitenansicht im Maßstab 1:150

Auf diesen etwas älteren Aufnahmen
aus dem Jahr 2012, ist das Schiff an
beiden Seiten mit Lotsentreppen aus-
gestattet. Außerdem trägt das Dach
einen frischen, grünen Anstrich.

CHRISTIAN NEHLS

Unterwegs
zum Este-Sperrwerk

*Früh morgens nahm ich
die erste Fähre nach Finkenwerder.*

Am Freitag, dem vierten Tag meiner Recherchen bei der HPA, sprach mein Radiowecker um 4.00 Uhr morgens an. Ich hatte vor, die erste Fähre nach Finkenwerder zu nehmen.

Mit reichlich Proviant und der Rettungsweste unterm Arm, kam ich mir vor wie ein Held, sah jedoch bald, dass ich nicht als einziger um diese Uhrzeit unterwegs war.

Bereits die U-Bahn war recht voll gewesen. Auf der Fähre der Linie 62, die nach Finkenwerder fuhr, war die Zahl der Passagiere noch recht übersichtlich.

Ich hatte in Finkenwerder als kleiner Junge gelebt und verband viele Erinnerungen mit diesem Ort.

Es ist ein Stadtteil Hamburgs, westlich, am Südufer der Elbe gelegen.

Heute war ich dorthin unterwegs, um die sogenannte "Stackmeisterei", einen Standort der HPA zu besuchen.

Bereits nach etwa einer halben Stunde fuhr die Fähre um das Seemannshöft, in den Köhlfleet hinein und machte an den Finkenwerder-Landungsbrücken fest. Das heißt, sie wurde mittels drehbarer Heckpropeller und Bugstrahlruder an den Ponton gedrückt. Im Vergleich dazu waren die früheren Fährschiffe tiefgehende Einschrauber mit einem einfachen Ruderblatt. Beim Anlegen musste die Tidenströmung berücksichtigt werden. Dabei beschrieb das Schiff oftmals einen weiten Bogen, damit es in der Strömung steuerfähig blieb. Es gab einen Decksmann, der das Schiff festmachte und für die Fahrgäste eine kleine Stelling auf die Pontonkante hievte. Eine Fahrt von St. Pauli bis nach Finkenwerder dauerte früher eine volle Stunde. Es gab auch mehrere Zwischenstationen als heute.

Die neuen Fähren werden nur von einer Person bedient und brauchen für die selbe Strecke etwa die Hälfte der Zeit.

Dagegen ist ja auch nichts einzuwenden. Nun war ich also wieder hier.

Die Bohlen der Brücke, die vom Ponton aufs Land führte, waren mit rutschfesten Kunststoffmatten belegt worden.

Sicherlich auf Initiative der HPA. Vor mir gingen Leute in Richtung Stackmeisterei. Da wollte ich ja auch hin.

Dieser Standort der HPA lag unmittelbar neben dem Fähranleger. Am Eingangstor sprach ich die Leute an und fragte nach der Haupteingangstür. Sie rieten mir, ich sollte mich dort vorne melden, wo das große, hell erleuchtete Fenster zu sehen war. Dort ging ich also hinein.

Hier trafen sich morgens die meisten Mitarbeiter. Es gab jedoch keine großangelegte "Besprechung" im Sinne eines Vortrages. Uwe koordinierte die Arbeiten. Er leitete noch nicht allzu lange diesen Betrieb und stammte aus der Landschaftsgärtnerei. Auch dies war ein Arbeitsbereich, der den Strom- und Hafenbau betraf. Das Buschwerk der Uferbefestigungen musste regelmäßig zurückgeschnitten werden, damit es dichtwuchs und vom Wind nicht weggebrochen wurde. Insgesamt waren hier etwa 30 Handwerker beschäftigt. Schwerpunkte der Arbeiten waren die Instandhaltung der Fahrwassertonnen (Auch davon gibt es vor Finkenwerder und im Bereich Köhlbrand und der Süderelbe einige), Baggerarbeiten, Uferbefestigungen und diverse kleinere Baustellen. Auf diese Arbeiten bezogen sich an diesem Morgen die Informationen und Gespräche.

Zur Durchführung der Arbeiten standen vor der Stackmeisterei einige Schuten, Prähme und Bagger bereit. Auch der Eisbrecher und Schlepper CHRISTIAN NEHLS hatte hier seinen Liegeplatz.

Uwe hatte wohl schon gewusst, dass ich kommen würde. Irgendwie beschlich mich das Gefühl, dass ich bereits eingeplant worden war.

Ein Bagger sollte vom Este-Sperrwerk zurückgeholt werden. Wenn ich wollte, könnte ich auf CHRISTIAN NEHLS mitfahren. Das kam mir natürlich sehr entgegen. Pièrre führte mich hinunter zum Schiff. Er war der Schiffsführer und während seiner Zeit als Wehrpflichtiger bei der Marine, auf der Fregatte NIEDERSACHSEN einige Monate (!) in Kalifornien gewesen. So ein Ereignis beschäftigt einen natürlich für alle Zeiten.

Kevin war der Schiffsmechaniker und Decksmann. Auf seinem Pullover war die Aufschrift "OCEANIC" zu lesen. Er hatte auf dem Hochseeschlepper seine Ausbildung erhalten. Glen war zur Zeit der dritte Mann an Bord. Er machte eine Ausbildung bei der HPA. Jetzt war er dabei, die Leinen zu lösen und einzuholen.

Das Schiff vibrierte leicht.
Schraubenwasser umwühlte das Heck.
Im Licht der Morgendämmerung nahm der Schlepper langsam Fahrt auf.
Wir durchfuhren den Köhlfleet und strebten dabei in Richtung Elbe hinaus.

Das Dieselgeräusch war so allgegenwärtig, dass man es garnicht mehr wahrnahm. Pièrre ließ sich von Kevin den Kraftstoffvorrat durchgeben. Am Vortag waren sie über acht Stunden unterwegs gewesen und hatten einiges verbraucht. Die Peilung im Maschinenraum ergab einen Bestand von 200 Litern. Das könnte knapp werden. Mit dem Bagger an der Seite, irgendwo im Hauptfahrwasser der Elbe liegenbleiben? Das könnte heikel werden!

Innerhalb weniger Augenblicke organisierte Pièrre den Tagesablauf gedanklich um. "Wir fahren erstmal zum Bunkern, zum Lübecker Ufer. Von dort geht es nach Harburg. In Harburg übernehmen wir einen Ponton und schleppen diesen nach Finkenwerder. Anschließend fahren wir zum Este-Sperrwerk und holen den Bagger ab", entschied er. Die Tidenströmung spielte mit. Das hatte Pièrre berücksichtigt. Es ging also zunächst stadteinwärts, Richtung Hansahafen und dort zum Lübecker Ufer.

Ohne Anhang machte der relativ schlank gebaute Schlepper fast 10 kn Fahrt.

"Neulich sind uns beide Keilriemen weggeflogen und wir mussten abgeschleppt werden", erzählte Pièrre.

"Das war auf der Süderelbe. Zuvor hatten wir den BRP (Brückenreparatur-Prahm) zu den Süderelbbrücken verholt. Dort sollten Schäden an einer der Brücken untersucht werden. Die Brücke war von einem Schiff gerammt und stark beschädigt worden." Das Ereignis war bereits öffentlich durch die Nachrichten gegangen und so hatte ich bereits zuvor davon erfahren. "Wie konnte das passieren?", fragte ich. "Die Durchfahrthöhen sind doch bekannt und werden stets berücksichtigt."

"Der Schiffer hatte wohl zwischen den beiden Brücken einen längeren Aufenthalt und bei der Weiterfahrt nicht bedacht, dass sich der Wasserstand durch die Gezeiten geändert hatte. Dadurch ist er unter einer der Brücken steckengeblieben", erklärte Pièrre. "Für den armen Kerl hat sich wohl alles erledigt", dachte ich. Immerhin muss die Brücke nicht abgerissen, sondern kann allem Anschein nach repariert werden. Die Reparaturkosten soll angeblich der Bund übernehmen, da es sich um eine Autobahnbrücke handelt. Auf dieser Autobahn gab es oft Staus durch Bauarbeiten und nun kam diese Sache auch noch hinzu.

Mit 10 Knoten fuhren wir elbaufwärts in Richtung Hansahafen.

Vor dem Hansahafen lag an Steuerbordseite das Süd-West Terminal. Hier wurde Ladung von gesonderter Größe und Gewicht, sogenanntes Schwergut umgeschlagen.

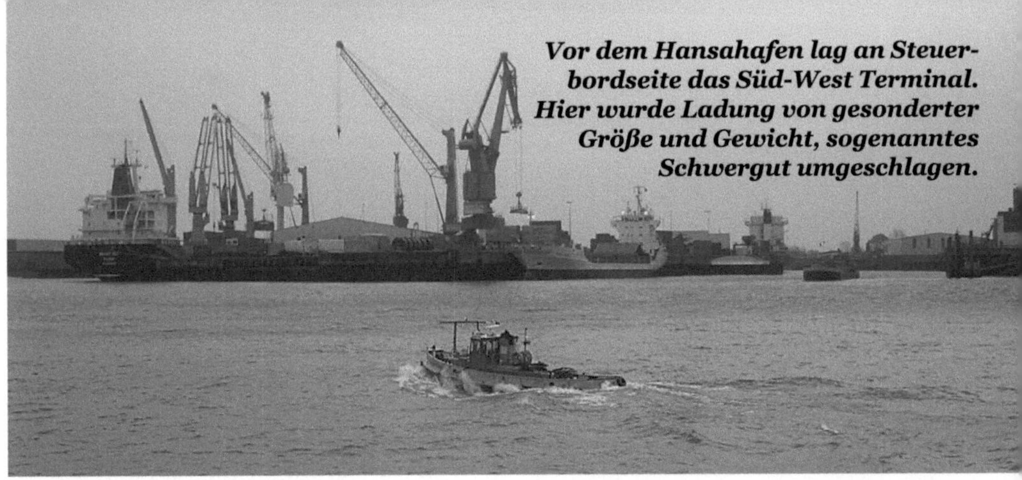

Um künftig das Risiko solcher Havarien zu verringern, werden die Pegelstandanzeigen der Brücke noch weiter voraus installiert. So bleibt den Kapitänen eine etwas längere Frist, die Höhe ihrer Fahrzeuge mit der augenblicklichen Durchfahrtshöhe der Brücke zu vergleichen und gegebenenfalls aufzustoppen.

Für die bisherigen Untersuchungen und die darauf folgenden Reparaturarbeiten an der Süderelbbrücke, wurde bereits etwas Platz geschaffen. Das heißt, das Fahrwasser war verlegt und durch Tonnen gekennzeichnet worden.
Manchen Kapitänen waren diesbezügliche Mitteilungen bisher entgangen, sahen die Tonnen zu spät, bekamen die Kurve nicht mehr und überfuhren die Tonnen.

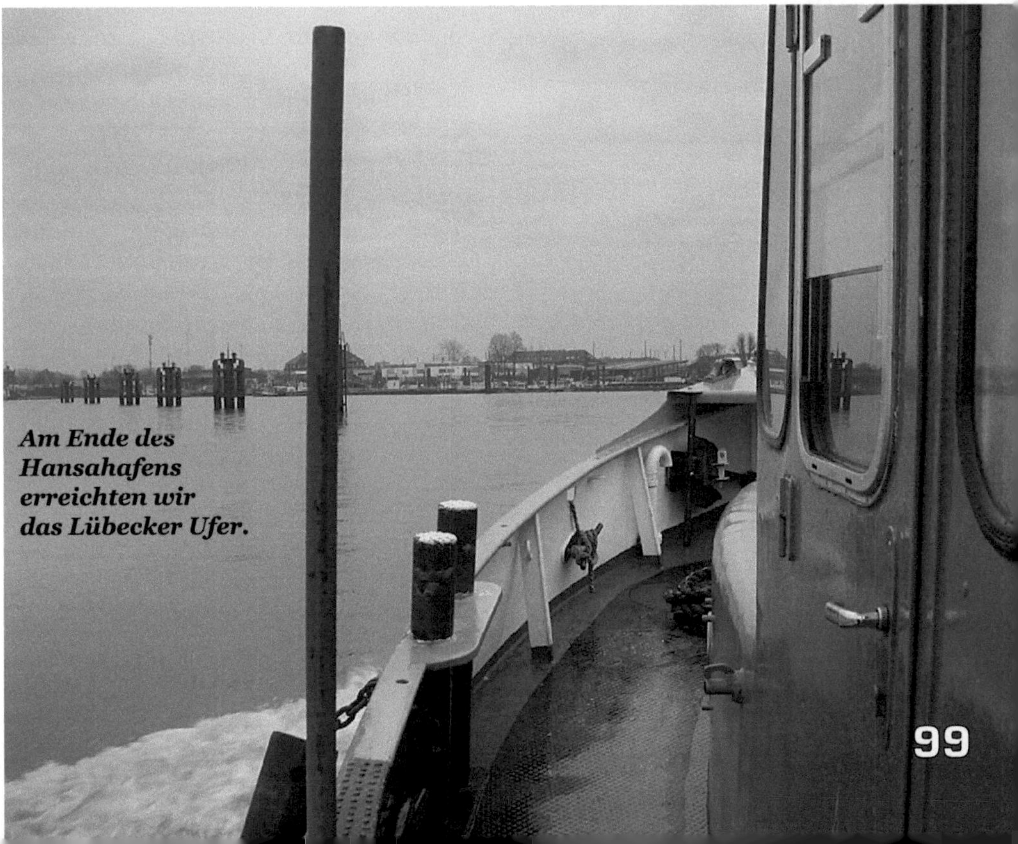

Am Ende des Hansahafens erreichten wir das Lübecker Ufer.

Als wir das Bunkerboot erreichten, lag MOORWERDER noch längsseits.

Inzwischen hatten wir den Hansahafen erreicht und näherten uns dem HPA-Standort am Lübecker Ufer.
Dort lag heute ein Bunkerboot, also ein kleines Tankschiff, das ausschließlich der Treibstoffversorgung diente. Es trug den Namen KATHI.

Die Abmessungen waren darauf zu lesen. Demnach war es 44 m lang und 7 m breit. Die Tonnage war mit 299 t angegeben. Im Hamburger Hafen gibt es eine größere Anzahl von Bunkerbooten dieser Art. Sie liefern den Treibstoff in erster Linie an die Seeschiffe, während diese be- oder entladen werden. In diesen Fall kamen die kleinen Schiffe jedoch zum Bunterboot. Zur Zeit lag die HPA-Schleppbarkasse MOORWERDER an der KATHI und bekam Treibstoff. Als wir herankamen wurde der Vorgang gerade abgeschlossen. MOORWERDER legte ab und wir konnten längsseits gehen. Der Kraftstoffschlauch wurde übergeben und die Kupplung sicher mit dem Einfüllstutzen verbunden. "Wieviel braucht ihr?", kam die Frage. "1500 Liter backbord und 1300 steuerbord", gab Pièrre an. Gewissenhaft überwachte Kevin die Verbindung, während das Dieselöl gepumpt wurde. Ein Stofflappen lag bereit, damit auch der kleinste Tropfen, der beim Lösen der Kupplung daneben gehen könnte, sofort aufgefangen werden konnte. Es blieben auch einpaar Minuten, um Neuigkeiten auszutauschen.

Der Kraftstoffverbindung wird hergestellt.

Der Tankerkapitän überwachte aufmerksam den Tankvorgang.

Schließlich kannten sich die Bootsleute untereinander.

Der Kapitän der KATHI war früher viele Jahre zur See gefahren. Dabei war er oft in Hongkong gewesen. "Ein wunderschönes Land!", schwärmte er. Die Stimmung war herzlich, die Begegnung leider zu kurz. Die Verbindungen wurden gelöst.

Wir mussten weiter und machten Platz für die nächste Kundschaft. Das HPA-Werkstattschiff CARL FEDDERSEN sowie die Schleppbarkasse BAGGER BAAS lagen bereits in Warteposition und kamen nun der Reihe nach als nächstes dran.

Für uns ging es jetzt mit "Volldampf" nach Harburg!

Während wir unsere Fahrt fortsetzten, kam die nächste Kundschaft an das Bunkerboot heran.

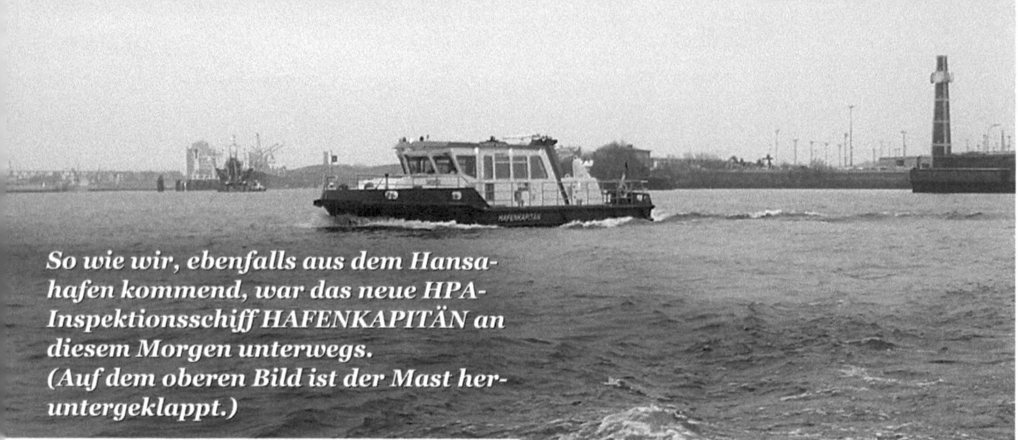

So wie wir, ebenfalls aus dem Hansahafen kommend, war das neue HPA-Inspektionsschiff HAFENKAPITÄN an diesem Morgen unterwegs.
(Auf dem oberen Bild ist der Mast heruntergeklappt.)

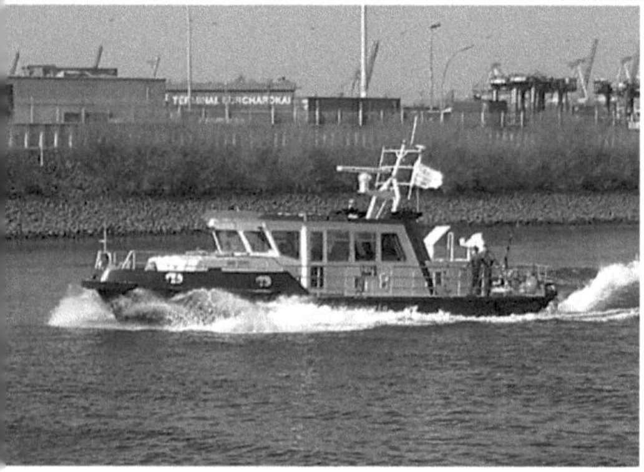

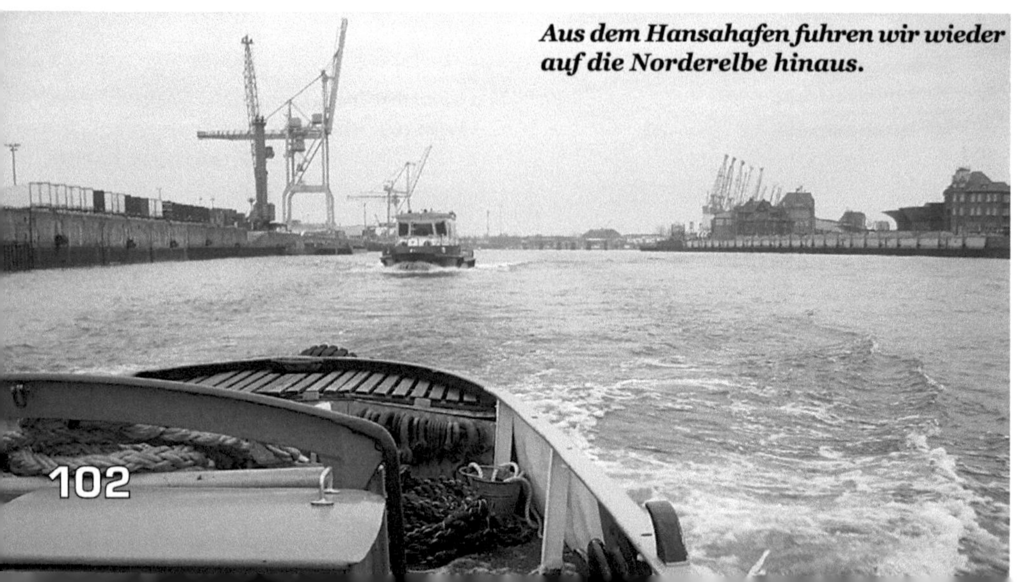

Das Inspektionsschiff HAFENKAPITÄN wurde im April 2012 in Dienst gestellt.
Das Schiff ist 19,6 m lang und 5,1 m breit.
Der Tiefgang beträgt 1,5 m.
Das Fahrzeug verdrängt 35 t.
Die Maschine leistet 715 PS und ermöglicht eine Geschwindigkeit von 13 kn.

Im Harburger Hafen, im Süden Hamburgs, betreibt die HPA eine eigene Werft.
Dort war der GREIFERPONTON 3 geslipt, also auf einer schrägen Rampe an Land gezogen und überholt worden. Der Ponton dient einem Bagger als schwimmender Untersatz. Der Bagger ist wiederum ein Kettenfahrzeug und war zuvor, noch in der Stackmeisterei, vom Ponton herunter und an Land gefahren worden.
Nun sollte der überholte Ponton wieder nach Finkenwerder gebracht werden.

Aus dem Hansahafen fuhren wir wieder auf die Norderelbe hinaus.

Pièrre entschied über den Köhlbrand und
die Süderelbe nach Harburg zu fahren.
Das war zwar etwas weiter als über den
Reiherstieg, man käme jedoch schneller
voran. Wir fuhren also zunächst die
Norderelbe ein Stück hinunter und bogen
nach Backbord in den sogenannten
Köhlbrand ein. Das ist praktisch der
nördliche Abschnitt der Süderelbe, der in
die Norderelbe mündet.

Auf der Süderelbe passierten wir die Kattwyk-Hubbrücke. CHRISTIAN NEHLS passte auch bei abgesenkter Brücke noch locker unterdurch. Unser Signalmast war heruntergeklappt und so hatten wir eine Höhe von etwa 3,6 m. Die Durchfahrtshöhe der geschlossenen Brücke betrug bei Hochwasser 5,2 m. (geöffnet 50 m) Allerdings hatten wir bald Niedrigwasser und so waren es derzeit etwa 8 m.

An Steuerbordseite lag nun das neue Kohlekraftwerk Moorburg. Es wurde dieses Jahr (2015) offiziell in Betrieb genommen. Ich hörte davon im Radio. Es wurde gesagt, dass es maximal 1600 MW (Megawatt) leistet. Das ist enorm. Offensichtlich besteht es aus zwei Blöcken (Kessel-Turbine-Generator-Einheit). Demnach leistet ein Block maximal 800 MW. Die größten Generatoren, die es überhaupt gibt, leisten etwa 1300 MW. Eine solche Maschine erbrachte im Kernkraftwerk Krümmel die elektrische Leistung. Das Kernkraftwerk wurde inzwischen stillgelegt. Nun musste die Anlage hier in Moorburg einen Großteil der benötigten elektrischen Energie für die Stadt erzeugen.

Aus der Schleusenkammer, der Zufahrt zum Harburger Hafen, kam uns der Schlepper und Eisbrecher HEINRICH HÜBBE entgegen. Das Schiff wurde 1974 gebaut. Die Motorleistung beträgt etwa 900 PS.

Wir näherten uns unserem nächsten Etappenziel, beziehungsweise dessen Zufahrt.

Der Harburger Hafen ist ein Dockhafen, in den man nur durch eine Schleuse gelangen kann. So wird diese Anlage vom Einfluss der Gezeiten freigehalten.

Das Schleusentor öffnete sich. Die Kammer war jedoch nicht frei. Der Eisbrecher und Schlepper HEINRICH HÜBBE kam aus der Schleuse und passierte uns in Richtung Süderelbe. Tja, so ist die HPA überall im Hafen unterwegs!

Wir fuhren ein und das Tor schloss sich wieder. Es dauerte eine gefühlte Stunde, bis sich die Wasserstände angeglichen und unser Schiff endlich freigegeben wurde.

"Seitdem die Schleuse erneuert worden war, dauert es hier immer eine Ewigkeit", klagte Pièrre.

Im Harburger Hafen war es eng. Im Prinzip bildete das Gewässer einen Kreis um eine Insel, vergleichbar mit einer Wasserburg. Allerdings hatte die "Insel" eine Zufahrt. Der "Kreis" war also unterbrochen.

Es ging um einpaar Ecken herum und schließlich erkannte ich unser Ziel.

Hier lagen zwei Feuerlöschboote, ein Polizei- und ein Lotsenboot, sowie einige Schuten und Pontons. Es gab Hallen und Hebeanlagen. Das war also die Werft.

Pièrre steuerte CHRISTIAN NEHLS an ein bestimmtes Objekt heran. Es war der Greiferponton, der abgeholt werden sollte.

Im engen Fahrwasser näherten wir uns der Werftanlage. Der Greiferponton lag abholbereit vor uns.

Kevin und Glen waren auf ihren Posten. Außerdem hatten Sigi und ein weiterer Kollege bereits auf uns gewartet und packten jetzt mit am.

Pièrre führte den Schlepper behutsam heran. Es war kein Ruck zu spühren. Ruhig und sicher stiegen Kevin und Sigi auf den Ponton. Sie machten sich noch an einer Winde zu schaffen. Dann nahmen sie von Glen die Festmacherleinen entgegen und legten sie um die Poller. Glen machte die losen Enden auf dem Schlepper fest. Nachdem der Ponton vom Anleger gelöst worden war, kam Bewegung in die Sache. Wir drehten uns.

Ich empfand dieses Gespann in dieser engen Umgebung als sehr sperrig.

Auf unseren Schiffsführer machten diese Verhältnisse scheinbar keinen besonderen Eindruck.

In der Harburger Werft lagen an diesem Tag auch zwei Feuerlöschboote, sowie ein Lotsenboot. Das untere Foto hatte ich an einem anderen Tag aufgenommen.

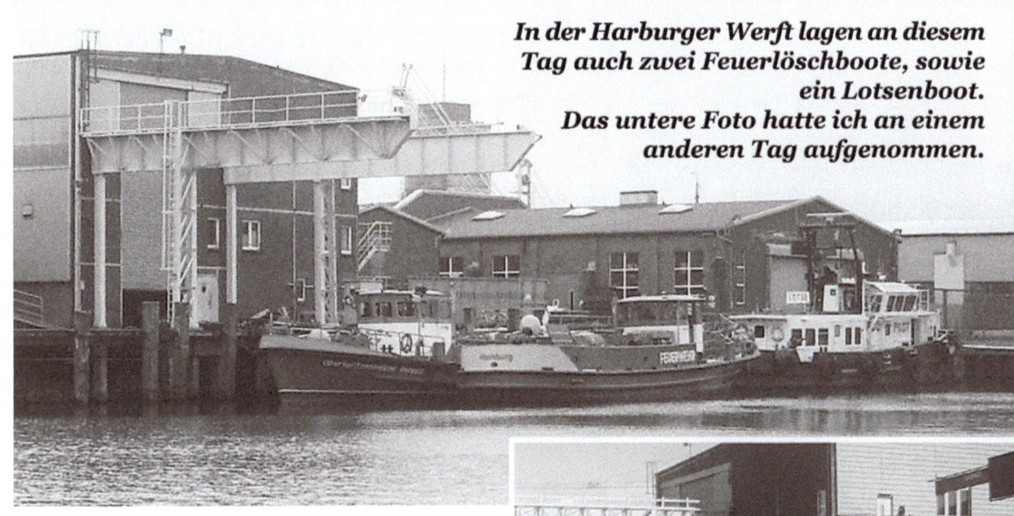

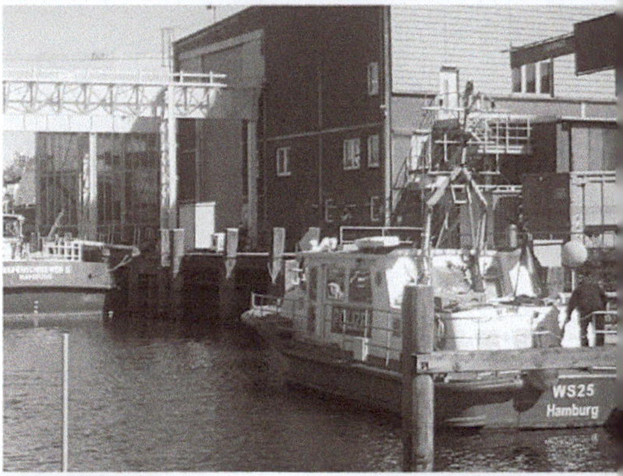

Aufmerksam und ruhig, ja geradezu virtuos, lenkte er das zig-tonnenschwere, asymetrische Gefährt präzise und sicher durch diesen Miniaturhafen.
Pièrre benutzte auch stets das große Steuerrad und nicht den kleinen Hebel, den die meisten seiner Kollegen bevorzugten. Das “Geklacker” des Schalters mochte er nicht.

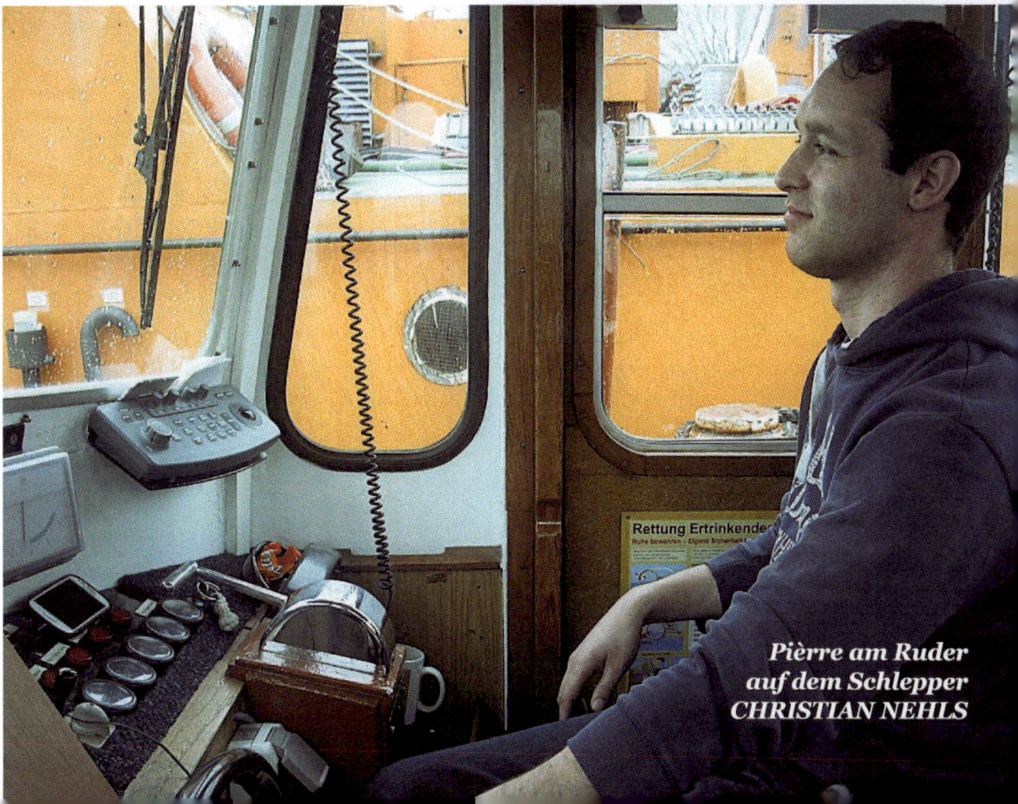

Pièrre am Ruder auf dem Schlepper CHRISTIAN NEHLS

Innerhalb der Harburger Dockhafenanlage ging es vom Werfthafen durch den sogenannten Überwinterungshafen zurück zur Schleusenanlage.

Das Schleusentor öffnete sich gerade und "natürlich" kam uns auch wieder ein Fahrzeug der HPA aus der Kammer entgegen! Diesmal war es das Arbeits- und Taucherschiff DÜKER TO.

Ich machte mein obligatorisches Foto, während mich ein Verdacht beschlich. Sollte für mich eine Art Vorführung insziniert worden sein, bei der alle HPA-Fahrzeuge der Reihe nach die "Bühne" betraten?

Das war natürlich Quatsch. Schließlich gab es noch mehr Hafenfahrzeuge, die ich hier garnicht alle darstellen kann.

Das Spezialfahrzeug DÜKER TO kam vor uns aus der Schleuse.
Mit diesem Schiff werden Tauchereinsätze durchgeführt. Es wurde 1976 auf der Staackwerft in Lübeck gebaut.

Nicht jede Durchfahrt verlief so reibungslos wie bei uns. Das zeigen die Pfähle vor dem Schleusentor.

Die Pumpen und Tore der
Harburger Hafenschleuse
wurden vom Kontrollraum
(oben im Bild) bedient.

Mit dem Ponton an der Seite gab es bei
der Schleusendurchfahrt keinen Spielraum.
Unser Anhang war 21,50 m lang und
immerhin 8,30 m breit. Hinzu kam die
Breite des Schleppers von (mit Fendern)
etwa 5 m, -macht also fast 14 m.
Pièrre hatte solche Manöver offenbar schon
öfter durchgeführt. Er stieß nirgendwo an.
Alles passte perfekt.
Bald waren wir wieder auf der Süderelbe.

Nach der Schleusung ging es mit dem
Greiferponton zunächst auf der
Süderelbe flussabwärts.

Am Pegel der Kattwykbrücke war eine Durchfahrtshöhe von über acht Metern abzulesen. Demnach hatten wir noch Niedrigwasser.
Vor uns, am Container Terminal Altenwerder, wurde das Containerschiff HONG KONG EXPRESS von der Kaimauer ins Fahrwasser geschleppt.

Mit dem Ponton ging es nun der Süderelbe flussabwärts, unter der Kattwykbrücke hindurch und nordwärts in Richtung Köhlbrand. Wir hatten jetzt Niedrigwasser. Am Pegel der Kattwykbrücke war eine Durchfahrtshöhe von über acht Metern abzulesen. Backbord voraus lag das hochmoderne Container Terminal Altenwerder. Dort herrschte immer Hochbetrieb.
Am Ballinkai lagen mehrere Containerschiffe. Eines davon war dabei abzulegen. Es war die HONG KONG EXPRESS.
Der Gigant wurde mit 142.295 BRZ (Bruttoraumzahl) vermessen.
Bei 366 m Länge und 48 m Breite hatte dieses Schiff eine Ladekapazität von 13.167 TEU (Twenty foot Equivalent Unit / 6 m-Standardcontainer). Allerdings werden meistens, wie auch hier zu sehen, 40 ft (12 m) Container geladen. Dementsprechend halbiert sich natürlich der Zahlenwert der Ladekapazität.
Das Schiff war etwa 3000 mal so groß wie unser CHRISTIAN NEHLS. Es hatte 78.670 PS, war jedoch beim Ablegen und Manövrieren im Hafen, auf die Assistenz von Schleppern angewiesen.

Bemerkenswerterweise vollzog sich dieses
Auslaufmanöver bei Niedrigwasser.
Die Solltiefe betrug von hier bis zur
Elbmündung jetzt immerhin noch 14,7 m.
Abzüglich eines gewissen Sicherheitsab-
standes zum Grund, durfte der Tiefgang
der HONG KONG EXPRESS derzeit kaum
mehr als 12 m betragen. Das Schiff war
also nur teilbeladen.
Der Schleppzug bewegte sich vor uns
langsam zur Fahrwassermitte.
Pièrre griff zm Funkgerät und sprach:
"HONG KONG EXPRESS von Schleppzug
CHRISTIAN NEHLS, soll ich hinter Ihnen
bleiben?" Nach einer gewissen Pause kam
die Antwort: "CHRISTIAN NEHLS von
HONG KONG EXPRESS, ja bleiben Sie
bitte hinter mir. Ich komme jetzt ins
Fahrwasser. Danke und gute Fahrt."
Kurz darauf wurde die Elbe per Funk über
den allgemeinen Hafenkanal (Kanal 74)
für die übrige Schifffahrt gesperrt. Hier
fuhr die HONG KONG EXPRESS nun aus
dem Köhlbrand auf die Elbe und scheerte
dabei weit aus. Da gab es keinen Platz mehr
für andere Schiffe. Die beiden Schlepper
wurden losgeworfen und das Containerschiff wurde merklich schneller.
"Da wären wir sowieso nicht mehr dran
vorbeigekommen", kommentierte Pièrre.

*Die HONG KONG EXPRESS
verlässt den Hamburger Hafen.*

*Hinter dem Containerschiff dreht
CHRISTIAN NEHLS nach Backbord
in Richtung Finkenwerder.*

Mit dem Greiferponton durchkreuzten wir die Elbe.

Sigi (eigentlich Siegfried) war in Harburg mit dem Ponton dazugestiegen und gesellte sich zu uns ins Ruderhaus. Inzwischen war es Mittagszeit. Ich aß etwas Brot und dachte über diesen Schlepper nach. Das Schiff war betagt und es wurde nichts mehr darin investiert, wie ich bereits erfahren hatte. "Zum Eisbrechen durfte CHRISTIAN NEHLS auch nicht mehr eingesetzt werden", meinte Pièrre. Das Blech war dafür zu dünn geworden.

Das Schiff sollte jedoch bald durch einen Neubau ersetzt werden. Der neue Eisbrecher war sogar schon in Bau und zwar auf der Hitzler Werft in Lauenburg. Pièrre zog ein Stück Papier aus einem Seitenfach und faltete es auseinander. Darauf war eine Zeichnung des neuen Schiffes zu sehen. Insgesamt war es etwas größer und geräumiger als das bisherige. Die Maschine sollte 800 PS leisten, statt bisher 320. "Dann haben wir es auch etwas bequemer, ein ordentliches WC, eine Tür im Schanzkleid und nicht mehr dieses Jonglieren mit den alten Autoreifen." Darauf freuten sich schon alle.

Mir fiel auf, dass das alte Schiff immerhin mit einer Radaranlage ausgerüstet war. Allerdings erzeugte der Mast im Vorausbereich einen Radarschatten. Auch diese Anordnung würde beim neuen Schiff wohl günstiger ausfallen. An der Radar- und Lotsenstation Seemanshöft kreuzten wir das Fahrwasser und erreichten kurz darauf wieder die Stackmeisterei, oder auch "Stackerei" genannt, in Finkenwerder. Hier lieferten wir den Greiferponton ab und fuhren sogleich weiter, um den bereits erwähnten Bagger vom Este-Sperrwerk abzuholen.

Es ging also wieder auf die Elbe hinaus.

Von der Stackmeisterei ging es gleich weiter zum Este-Sperrwerk.

Auf der Elbe kam uns die 176 m lange GRANDE DETROIT entgegen. Der Autotransporter kommt regelmäßig zum RoRo Terminal in den Hansahafen.

CHRISTIAN NEHLS durchkreuzte abermals den breiten Strom, drehte nach Backbord und fuhr eine Weile den Fluss hinab in Richtung Westen. An Backbordseite blieb Finkenwerder mehr und mehr zurück. Dahinter weitete sich die Elbe um eine Art Ausbuchtung, dem sogenannten Mühlenberger Loch, auf gut zweieinhalb Kilometer Breite. Die Bucht bildet einen Flachwasserbereich, der bei Niedrigwasser großenteils trockenfällt, durchschnitten wiederum von der Hahnöfer Nebenelbe und der Esterinne. Die Este ist ein Nebenfluss der Elbe. Sie mündet, von Süden kommend, in das Mühlenberger Loch und spült eine Rinne durch das Flachwasser, die bis in den Hauptstrom der Elbe führt. Wir mussten zur Estemündung, hatten nun aber Niedrigwasser und selbst die Esterinne bot für unser Schiff keine ausreichende Wassertiefe. Daher machten wir zunächst am gegenüberliegenden Nordufer, am Fähranleger Blankenese fest und warteten auf das Einsetzen der nächsten Flut. Einwenig mehr Wasser hätte schon gereicht. Gemäß den Angaben im Tidenkalender konnten wir in etwa einer halben Stunde in die Esterinne einfahren.

Bevor es zum Este-Sperrwerk ging, machten wir in Blankenese fest, um die Flut abzuwarten.

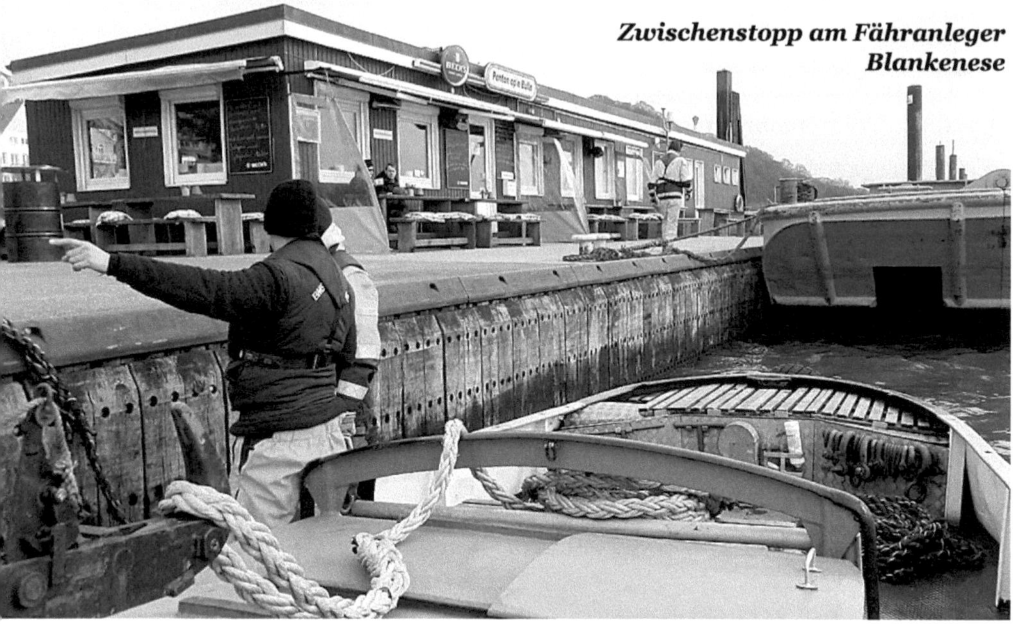

Zwischenstopp am Fähranleger Blankenese

Am Fähranleger Blankenese lag noch eine Klappschute. Diese konnten wir heute jedoch nicht mehr mitnehmen. Sigi sah nach, ob die Schute richtig befestigt war. “Alles klar, die kann bis Montag so bleiben”, bestätigte er. Auf dem Ponton gab es auch ein kleines Restaurant. So bekamen die Gäste auch mal eine Schute zu sehen. “Da drüben liegt unser Ziel”, sagte Pièrre und wies mit der Hand zur entfernt liegenden Estemündung. Die Mündung des kleinen Flusses durchschnitt auch den Hauptdeich. Am Deich entlang verlief eine Straße. Diese wurde an der Este über eine Klappbrücke geführt. Die Brücke war weithin sichtbar und markierte diesen Ort. Als Kind war dies für mich ein begehrtes Ausflugsziel. Die Deichöffnung, also der Zulauf des kleinen Flusses, konnte bei Sturmflut durch Tore geschlossen werden. Dadurch konnte das Hinterland vor Überschwemmungen geschützt werden. Um die Tore herum war der Grund jedoch versandet und verschlickt gewesen, sodass sich die Tore nicht mehr einwandfrei bewegen ließen. Daher war diese Stelle ausgebaggert worden. 32 Ladungen mit jeweils 400 t Schlick waren bei dieser Arbeit mit den 250’er Schuten zur Saugerstation gebracht und dort entleert worden. Das waren immerhin 12.800 t, nur für dieses kleine Stück. Auch CHRISTIAN NEHLS war dabei als Schlepper eingesetzt worden. Nun war dieser Job erledigt und der Bagger musste zurück zur Stackmeisterei geschleppt werden.

CHRISTIAN NEHLS mit einer 250’er Schute.
Diese ist hier jedoch mit Steinen zur Uferbefestigung und nicht mit Schlick beladen.

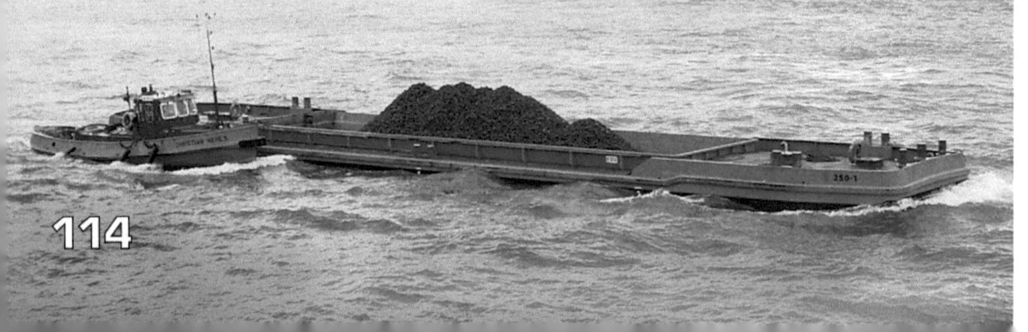

Das Wasser kam. Es ging weiter.
Wir legten ab und die Esterinne lag vor uns, sichtbar durch Fahrwassertonnen markiert.
In dieser Situation liefen wir auf eine Mündung zu, also zum Fluss Este hin. Dementsprechend sahen wir an unserer Steuerbordseite grüne Tonnen und an der Backbordseite rote Tonnen. So ist es für die lateralen Seezeichen (Fahrwassermarkierungen) im Betonnungssystem A international festgelegt.
Außerdem gibt es auch die sogenannten kardinalen Seezeichen. Das sind meistens schwarz-gelbe Gefahrentonnen, die zum Beispiel ein Unterwasserhindernis oder eine flache Stelle (Untiefe) markieren.
Auch die Formen der Tonnen sind unterschiedlich.
Es gibt Bakentonnen (nach oben schlank zulaufend), Spitztonnen (kegelförmig), Stumpftonnen (zylinderförmig) oder Spierentonnen (stabförmig).

Backbord querab lag die Leuchttonne EZ 4 (Estezufahrt 4)
Ihr Licht hat die Kennung Oc(2)R.9s
Das bedeutet: - 2x Unterbrochen
(engl. Occulting = kurz unterbrochen)
- Rot   - 9 Sekunden Wiederkehr
Es ist also ein stetes, rotes Licht, das in einem Intervall von 9 Sekunden 2-mal unterbrochen wird.

Grundsätzlich sind die grünen Tonnen spitz und die roten Tonnen stumpf.
Da jedoch Baken- und Spierentonnen (im allgeneinen) keine eindeutig stumpfe oder spitze Form haben, werden sie in der Regel durch ein entsprechendes Toppzeichen (Zylinder oder Kegel), der entsprechenden Form zugeordnet.
Für die Situation bei Nacht oder bei schlechter Sicht, wenn man diese Dinge garnicht sehen kann, sind einige Tonnen mit einem Licht ausgestattet. Dieses Licht scheint, entsprechend der betreffenden Tonne, rot, grün oder gelb. Die Lichter sind individuell getaktet, sie folgen bestimmten Rythmen (Kennungen).
Alle Tonnen sind mit ihren Formen, mit ihren Bezeichnungen und gegebenenfalls mit ihren Kennungen in den Seekarten eingetragen. Daher kann durch einen Vergleich mit dem Karteneintrag die eigene Position bestimmt werden. Aktuelle Karten an Bord zu führen ist aus Gründen der Sicherheit per Gesetz vorgeschrieben.
Die ganze Seeschifffahrtsstraßen-Ordnung, die auch im Hamburger Hafen gilt, kann hier natürlich nicht dargestellt werden.
Dazu gibt es spezielle Fachbücher.

Von Blankenese aus liefen wir durch die Esterinne auf das Este-Sperrwerk zu.

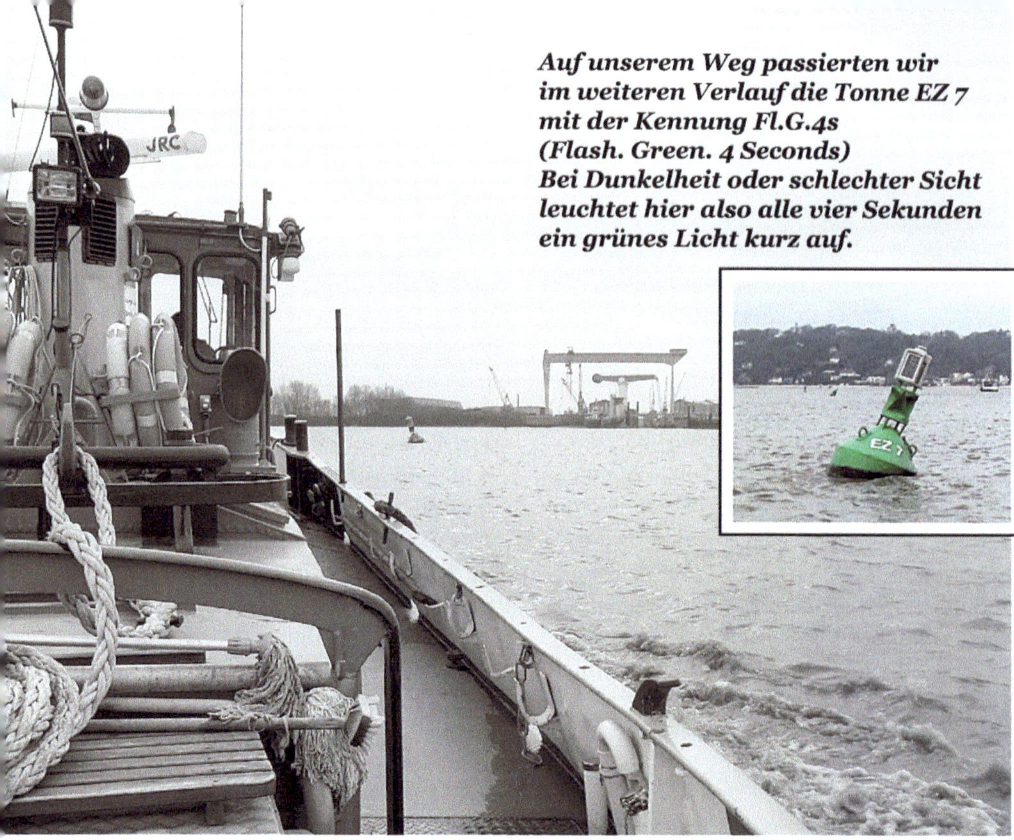

Auf unserem Weg passierten wir im weiteren Verlauf die Tonne EZ 7 mit der Kennung Fl.G.4s (Flash. Green. 4 Seconds) Bei Dunkelheit oder schlechter Sicht leuchtet hier also alle vier Sekunden ein grünes Licht kurz auf.

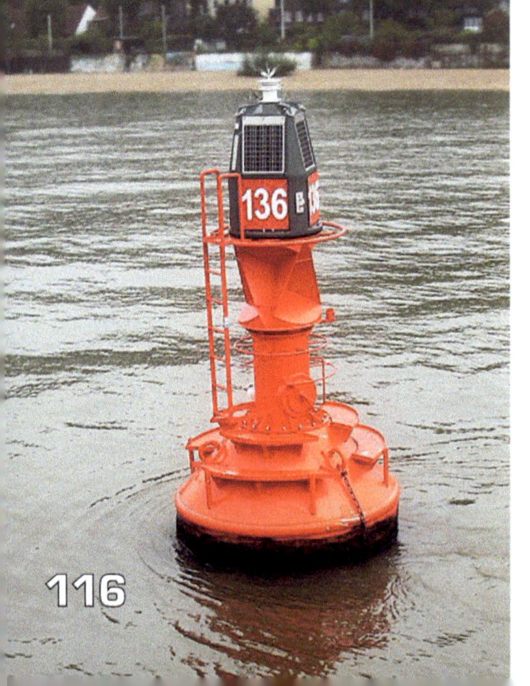

Moderne Leuchttonne auf der Elbe vor Övelgönne, ausgerüstet mit Solarzellen.

Vor hundert Jahren waren die Tonnen einfache Holzfässer. Daher der Name "Tonne". Vor 45 Jahren waren die Spitztonnen schwarz und die "Wracktonnen" grün. So war es in meinem Heimatkundebuch dargestellt. Früher wurden die Leuchttonnen auch mit einer Gaslaterne betrieben. Na ja, so ändern sich die Dinge eben. Inzwischen sind die betreffenden Seezeichen mit hellen, aber sparsamen LED-Leuchten, die mit Solarzellen und Akkus versorgt werden, ausgerüstet.
Die Gasbehälter im Inneren sind jedoch noch vorhaden. Bei Havarien sorgen sie als Auftriebskörper dafür, dass die Tonne nicht kenntert, - ein positiver Nebeneffekt. Einige Tonnen sind zusätzlich mit Radarreflektoren und sogar mit AIS- Geräten (**A**utomatic **I**dentification **S**ystem) ausgerüstet. Deren Signale können mit entsprechenden Geräten auf den meisten Schiffen empfangen und auf den Navigationsschirmen dargestellt werden.

Was die Arbeit in der Stackmeisterei be-
trifft, so geht es dort also nicht nur darum,
die Tonnen regelmäßig zu entrosten und
neu zu streichen, sondern auch darum,
diese Technik zu warten, beziehungsweise
nachzurüsten.

Jede Tonne wird durch ein schweres
Betongewicht an ihrer Positionen gehalten.
Sie ist durch eine Kette mit dem Gewicht
verbunden. Wird eine Tonne eingezogen,
so muss sie also mitsamt der Kette und
dem Botongewicht aus dem Wasser gehievt
werden. So ein Ding wiegt einige "Tonnen",
also Gewichtstonnen natürlich. So eine
Bergung lässt sich nicht mit einem kleinen
Hydraulikausleger durchführen. Auf der
Unterelbe und vor der Küste werden dafür
Spzialschiffe, sogenannte Tonnenleger, die
über einen größeren Kran verfügen, einge-
stetzt. Dort draußen, außerhalb der Hafenanlagen, werden durchgehend Tonnen zur
Fahrwassermarkierung eingesetzt.

Im Bereich des Hamburger Hafen gibt es
nur wenige Tonnen, da es sich ja hier
überwiegend um räumlich begrenzte
Hafenbecken handelt. Dafür gibt es hier
mehr feststehende Zeichen und Lichter,
zum Beispiel an den Einmündungen der
Hafenbecken und der Kanäle.

Das Einziehen und Aussetzen der wenigen
Tonnen wird hier mit Pontons und Baggern
vollzogen.

*Tonnenleger OTTO TREPLIN
läuft in den Tonnenhafen Wedel ein.*

*Für die Instandhaltung der Fahrwas-
serzeichen im Bereich der Unterelbe,
ist der Tonnenhof in Wedel zuständig.
Hier hatte auch der Tonnenleger OTTO
TREPLIN (Bj.1966) seinen Liegeplatz.
Das Seeschiff ist fast 50 m lang und
verfügt für das Heben von Seezeichen
über einen Kran mit einer Hebekraft
von 10 t bei einer Ausladung von 6,5 m.
(Aufnahmen vom Oktober 1998)*

*Fahrwassertonnen stehen überholt
und gewartet, erneut einsatzbereit in
der Stackmeisterei, in Finkenwerder.*

*Schlepper CHRISTIAN NEHLS
mit einem Bagger-/Greiferponton
und einer Fahrwassertonne.
Rechts neben der Tonne
ist auch das Betongewicht
zu sehen.*

Nur wenige Meter entfernt lag die rote Spierentonne EZ 10 an Backbordseite im Schlick. Der Schlick war optisch kaum wahrnehmbar, da er genauso glänzte wie die Wasseroberfläche.

Auf unserem Weg zum Este-Sperrwerk begegneten wir dem Fährschiff ALTONA der Linie Blankenese-Cranz.

Cranz und Neuenfelde heißen die Orte an der Este, die von der Fähre angefahren werden. Hierzu muss das Schiff das Sperrwerk passieren.

Die Fähre hatte einen Tiefgang von immerhin 1,90 m, ging also fast so tief wie unser Schlepper. Auch ihr Betrieb war bei Niedrigwasser eingeschränkt.

CHRISTIAN NEHLS war zur Messung der Wassertiefe mit einem Echolot ausgerüstet. Die Anzeige war links am Schaltpult befestigt. 2,40 m laß ich ab. Unser relativ kleiner Schlepper hatte einen mittleren Tiefgang von zwei Metern. "Der Sensor ist allerdings 70 Zentimeter oberhalb des Kiels montiert", erklärte Pièrre. Demnach wären wir bei einer Anzeige von 0,70 m auf Grund gelaufen. Der angezeigte Wert lag jetzt bei 1,90 m und fiel. Pièrre ging mit der Fahrt etwas herunter. In etwa 50 Metern Entfernung passierten wir die Tonne EZ 10 (EZ=Este Zufahrt). Diese lag sichtbar auf dem Schlick. "1,10 m", laß ich ab. Dieser Wert verringerte sich jedoch nicht mehr. Wir waren durch und hatten das Sperrwerk erreicht.

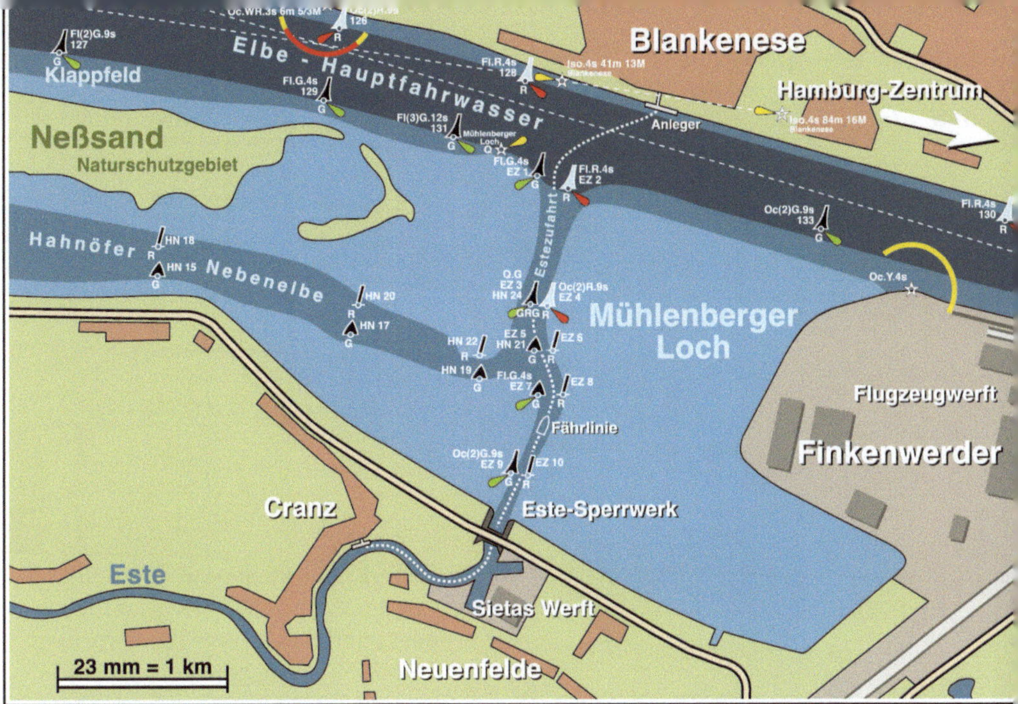

Elbe im Bereich Mühlenberger Loch (*Diese Karte ist nicht für die Navigation zulässig*)

Wir hatten das Este-Sperrwerk erreicht.
Seitlich an der Spundwand lag der Bagger,
den wir abholen sollten.

Die Este-Klappbrücke war während der vergangenen 40 Jahre offensichtlich erneuert und dabei vergrößert worden. Das war wohl nötig gewesen, da das Sperrwerk auch verbreitert worden war. Hinter der Klappbrücke war ein gewaltiger Portalkran zu sehen. Er gehörte zu Sietas Werft. Auf dieser Werft wurden vor etwa 60 Jahren zunächst kleinere Schiffe, wie übrigens auch unser CHRISTIAN NEHLS (1955) und auch Kümos (Küstenmotorschiffe) gebaut. Dann folgten über Jahrzehnte viele Feederschiffe (engl. feed = füttern. Sinngemäß "füttern" diese kleinen Containerschiffe die großen Containerschiffe mit Ladung). Diese Feederschiffe, von denen heute noch viele Einheiten auf den Meeren unterwegs sind, sind etwa 100 m lang und 16 - 18 m breit. Der Tiefgang liegt unbeladen bei etwa 3 - 4 m.

Bei einem Blick durch das Sperrwerk waren Teile der Sietas Werft zu sehen. Hier wurden Container-Feederschiffe, wie die RAGNA (ex. BAUMWALL) gebaut. Die RAGNA ist mit 3999 BRZ vermessen. Sie ist 101 m lang, 18,2 m breit und erreicht beladen einen Tiefgang von 5,55 m.

Diese Schiffe mussten hier natürlich durch.
Damals wurde die Esterinne regelmäßig
ausgebaggert. Bei Hochwasser liegt der
Wasserstand hier ohnehin etwa 3,5 m
höher als bei Niedrigwasser. Dann sieht
die Sache sowieso ganz anders aus.
Auf der Sietas Werft kam der Schiffbau
durch weltweiten Konkurenzdruck zum
Erliegen. Daher wurde die Zufahrtstiefe in
den letzten Jahren vernachlässigt.
Für die HPA ging es hier zunächst um die
Betriebssicherheit der Sperrwerkstore.
Dacher wurde hier nur örtlich Schlick
herausgeholt, damit die Tore weiterhin
beweglich blieben. Unser Bagger lag nun
an einer hohen Spundwand und wirkte vor
dieser Kulisse recht unscheinbar. Es war
ein hydraulisch betriebener Tieflöffelbagger, der mit seinen Raupenketten auf
einem Spezialponton platziert war. Diesen
galt es nun an die Seite zu nehmen und
zur Stackmeisterei zu bringen.
Pièrre steuerte zunächst die betreffenden
Nägel (einzeln eingelassene Poller) in der
Hochwasserwand an, an denen der Bagger
festgemacht war. Dort lösten Kevin und
Glen die Leinen, sodass Sigi diese vom
Baggerponton aus einholen konnte.
Anschließend wurde CHRISTIAN NEHLS
seitlich am Ponton festgemacht und wir
konnten unsere Rückreise antreten.

*Der Bagger wird von der Spundwand
gelöst und am Schlepper festgemacht.*

Auf der Unterelbe, sowie im Hamburger Hafen, werden fortwährend Baggerarbeiten auf verschiedene Weise durchgeführt.

Neben den Arbeiten, die die HPA selbst durchführt, werden zusätzlich mehrere Unternehmen dafür beauftragt.

Dabei wird überwiegend mit Saugbaggern oder Spülgeräten gearbeitet.

Eines dieser Spezialfahrzeuge ist der Hopperbagger SHOALWAY. Er wurde 2010 in den Niederlanden gebaut.

Mit der SHOALWAY wird Sand und Schlick vom Hafengrund aufgesaugt und an einem anderen Ort abgegeben. Das Schiff hat eine Ladefähigkeit von 4503 cbm. Es ist 90 m lang, 19 m breit und erreicht einen Tiefgang von 6 m.

Das Wasserinjektionsgerät AKKE nimmt dagegen kein Material auf. Mit diesem Gerät wird lockeres Sediment aufgewirbelt, welches dann mit der natürlichen Strömung fortgetragen wird. Hier ist die AKKE dabei, die "Ecken" im Niederhafen freizuspülen. Das Schiff ist 46 m lang und mit den seitlichen Spülrohren 11 m breit. Der Tiefgang ist sehr gering und ist mit 1,72 m angegeben.

Bei Tonne EZ 2 erreichten wir wieder das Hauptfahrwasser der Elbe.

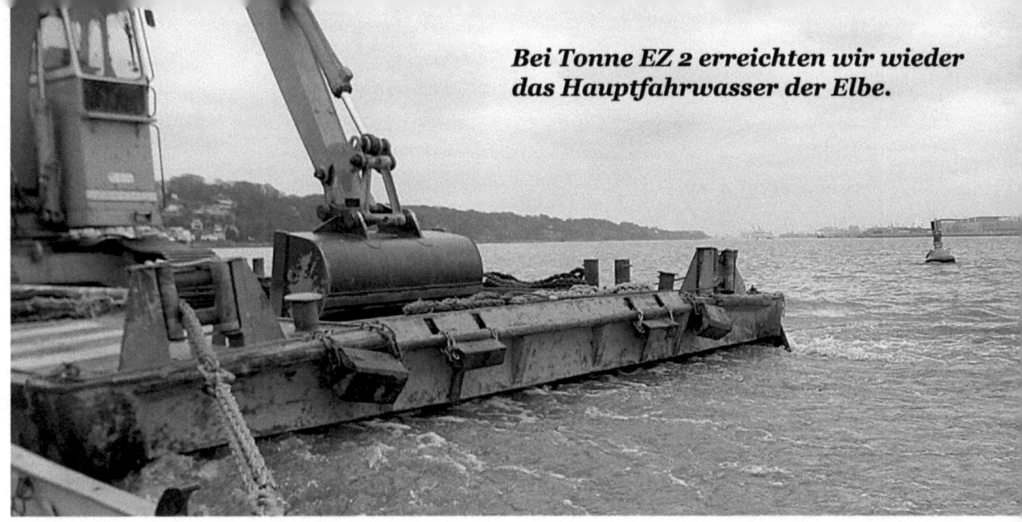

Inzwischen war der Wasserspiegel weiter gestiegen, sodass es auch mit dem Bagger kein Problem mehr war, das Hauptfahrwasser der Elbe zu erreichen.
Sollte die Esterinne in Zukunft auch wieder für größere Schiffe befahrbar werden, wären für die nötigen Baggerarbeiten größere Saugbagger erforderlich.
Ein Hydraulikbagger wie dieser, könnte einfach nicht die erforderliche Menge an Schlick, innerhalb einer gewissen Zeit bewegen.

Nach einer weiteren halben Stunde Fahrzeit im Hauptfahrwasser der Elbe, hatten wir wieder die Stackmeisterei erreicht.
Der Bagger wurde wohlbehalten festgemacht und CHRISTIAN NEHLS bezog seinen angestammten Liegeplatz.
Für mich war dies eine Gelegenheit, auch noch den Maschinenraum des Schleppers zu erkunden, bevor es Feierabend wurde und die Leute in den Werkstätten, in den Büros, auf den Booten, Baggern und Schuten ihr Tageswerk beendeten.

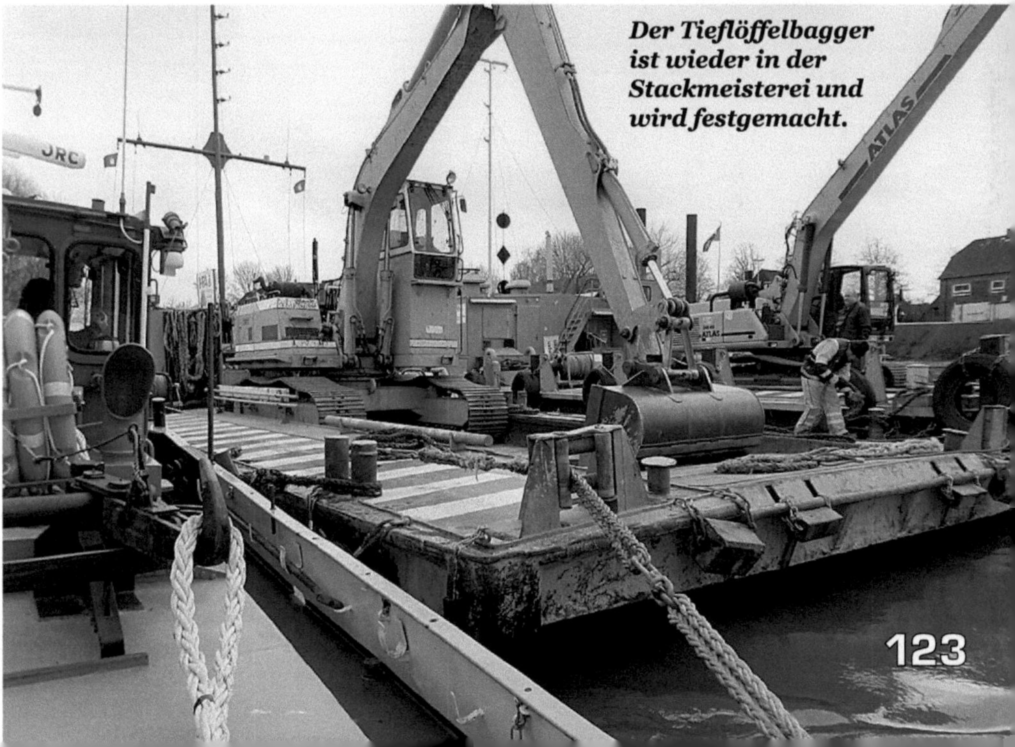

Der Tieflöffelbagger ist wieder in der Stackmeisterei und wird festgemacht.

Auch im Maschinenraum ging es auf CHRISTIAN NEHLS aufgeräumt und übersichtlich zu.
Es stand einiges an Werkzeug, sowie Kleinteile wie Schrauben, Filter und Dichtungen für die Wartung und Instandhaltung der Anlage zur Verfügung. Dennoch waren die Mittel begrenzt.
Die Treibstofftanks waren auch hier seitlich angeordnet.

CHRISTIAN NEHLS wurde ursprüng-
lich mit einem 6-Zylinder Dieselmotor
- Typ MWM-RHS 526 angetrieben.
Die Leistung betrug 175 PS bei 650 U/min
und wurde über ein Getriebe der Marke
Lohmann & Stolterfoth auf die Welle
gebracht.
Später erfolgte ein Umbau.
Derzeit wurde der Schlepper mit einem
6-Zylinder IVECO aifo-Marine Diesel
Typ-8210SRM36 angetrieben.
Die Maschine läuft kraftvoll und zuver-
lässig. Die Leistung beträgt 320 PS bei
1800 U/min. Der Hubraum ist mit 13,8 l,
das Gewicht mit 1290 kg angegeben.
Die Wasserkühlung erfolgt über einen
Wärmetauscher. Die Maschine wird per
Anlasser gestartet. Die Elektrik basiert
auf einer Spannung von 24 V-.

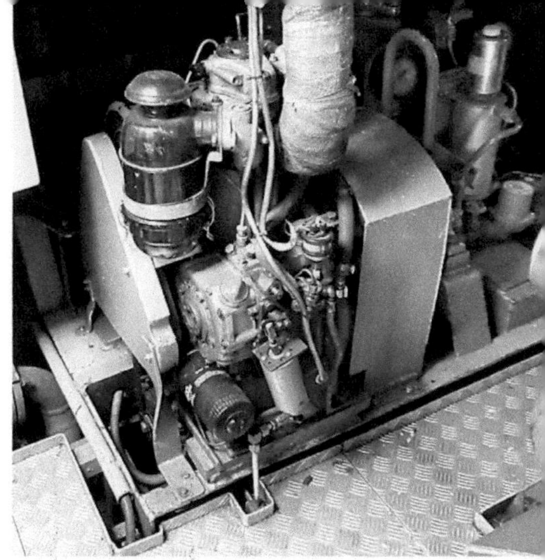

Der Hilfsdiesel war seitlich platziert.

Im HPA-Standort Finkenwerder, der sogenannten "Stackmeisterei", ging einer von vielen Arbeitstagen zu Ende.

Für den betagten Eisbrecher und Schlepper CHRISTIAN NEHLS wurden die Tage inzwischen gezählt. Denn ein Nachfolgeschiff war bereits in Bau.

CHRISTIAN NEHLS

Datenübersicht

Baujahr: 1955
Werft: Sietas, Hamburg-Neuenfelde
Baunummer: 379
Auftraggeber: Strom- und Hafenbau, Hamburg
Länge: 15,50m **Breite:** 4,88m **Tiefg.:** 2,10m
Verdrängung: 48,50 t
Geschwindigkeit: ca 11 Kn
Pfahlzug: ca 4,50 t

Hauptmaschine: 6-Zylinder Marine Diesel
Typ: Iveco aifo 8210 SRM 36
Leistung: 320 PS bei 1800 U/min
Getriebe: Reintjes BGA 300 A - 4:1
Antriebsschraube: Vierblatt, Ø 1380 mm

Seitenansicht im Maßstab 1:150

Die Neubauten
Neue Eisbrecher für den Hamburger Hafen

Die Stadt Lauenburg liegt ebenfalls an der Elbe, stromaufwärts, etwa 45 km von Hamburg entfernt.
Hier gibt es auch eine große Werft, die Hitzler Werft. Diese wurde bereits im Jahr 1885 gegründet.

Auf der Hitzler Werft in Lauenburg werden hochwertige Schiffe in einer gewaltigen Schiffbauhalle gebaut.

Heute war ich bei der Hitzler Werft als Besucher angemeldet. Herr Albrecht, der Leiter des HPA-Fahrzeug- und Gerätebetriebes, hatte mir diesen Termin genannt. Wir wollten uns am Eingang der Südwerft treffen. Der Werftbetrieb ist räumlich zweigeteilt. An diesem Ort mündet auch der Elbe-Lübeck-Kanal in die Elbe. So gibt es am Nordufer einen Betriebsteil, in dem derzeit einige Binnenschiffe zur Überholung und Reparatur lagen. Am Südufer der Kanalmündung stand die große Schiffbauhalle mit einigen Nebengebäuden und einem großen Kran auf dem Freigelände. Dies musste also die Südwerft sein.

Hier wartete ich im Bereich der Zufahrt auf dem Freigelände. Es war früh morgens am Freitag, dem 4. September 2015.

Ab und zu fuhr ein Fahrzeug über den Platz oder Personen wechselten von der Halle zum Nebengebäude. Dort hatte ich mich zunächst gemeldet und dabei die Werftarbeiter beim Frühstück angetroffen.

Ich hatte nach Herrn Büker gefragt und erhielt die Auskunft, dass dieser irgendwo draußen auf dem Gelände sein müsste. Draußen passierte mich Herr Büker dann mehrmals per Fahrrad. Er war der Technische Leiter der Werft und konnte auf diese Weise jeden Ort auf dem Gelände schnell erreichen.

Die HPA hatte Neubauten bei der Hitzler Werft in Auftrag gegeben.

Es sollten zunächst zwei Eisbrecher sein, die CHRISTIAN NEHLS und HAFENBAU 2 ersetzen. Ich hatte bereits erfahren, dass die Rümpfe kieloben hergestellt und dann gedreht werden. Ich war gespannt, wie das Ganze vorort aussehen würde.

Ortstermine wie dieser, wurden als Zusammenkunft aller Beteiligten arangiert. Von großer Bedeutung war hier die Anwesenheit der künftigen Besatzung.

So konnten sich die Männer rechtzeitig ein Bild machen und gegebenenfalls Änderungswünsche angeben, zum Beispiel wenn es um die Handhabung und Ausstattung der Steuereinrichtungen ging.

"Schließlich sollen die Leute, die auf dem Schiff arbeiten, auch damit gut zurechtkommen", sagte Herr Albrecht bereits im Vorwege. So wurden alle Beteiligten in das Projekt mit einbezogen. Eine vorbildliche Haltung, wie ich finde.

Herr Albrecht kam auch soeben durch das Werfttor und wir gingen in die Halle hinein.

Reparaturbetrieb am Kanalufer. Hier werden die nächsten Kunden mit dem werfteigenen Schlepper verholt.

Wie ich gehofft hatte, wurden die neuen Eisbrecher in der großen Halle hergestellt. Insgesamt befanden sich derzeit sogar drei Eisbrecher in Bau. Innerhalb der riesigen Halle wurde also gleichzeitig an verschiedenen Stellen gearbeitet. Dabei nahm jeder Bauplatz nur einen kleinen Teil der gesamten Hallenfläche ein. Auch Sportboote standen hier, wohl zur Reparatur oder zur Überholung.

Die Eisbrecher sollten in ihrer Unterwasserform den Vorgängermodellen prinzipiell entsprechen, weil sich diese beim Eisbrechen sehr gut bewährt hatten. Die Aufbauten mussten eine bestimmte Durchfahrtshöhe unterhalb von Brücken gewährleisten, durften also nicht höher werden. Der Tiefgang durfte nicht wesentlich vergrößert werden, damit die Schiffe auch weiterhin in den flacheren Kanälen eingesetzt werden konnten. Das waren die Vorgaben der Auftraggeber.

Die Länge und die Breite durften jedoch etwas zunehmen. Dadurch vergrößerte sich die Tragfähigkeit. Ein stärkerer Antrieb konnte installiert werden und die Konstruktion konnte insgesamt stabiler ausgeführt werden. Auch der Raumkomfort wurde durch die neuen Abmessungen begünstigt.

Die Unterwasserform konnte sogar noch etwas optimiert werden. Grundlage dafür waren Modellversuche in der Hamburger Schiffbau-Versuchsanstalt. Bei den Ermittlungen ging es sowohl um die Strömungscharakteristik, als auch um das Eisverhalten. So konnte dort auch eine Eissituation für die Modelle künstlich erzeugt und ausgewertet werden. Für diese Eisbrecher wurden insgesamt zwei Modelle gebaut und entsprechende Testreihen durchgeführt. Für ähnliche Fahrzeuge können die bestehenden Berechnungen und Messungen auch erweitert angewandt werden.

Im Übrigen sollten die neuen Eisbrecher auch als vollwertige Schlepper eingesetzt werden.

So sollten auch die neuen Fahrzeuge übers Jahr gesehen wieder eine kontinuierliche Auslastung finden.

Der neue CHRISTIAN NEHLS stand bereits auf seinem Kiel, mit Hölzern unterlegt, am Rand der Riesenhalle.

Sogar das Ruderhaus war schon aufgesetzt worden. Das Schanzkleid war hoch, wie bei einem Seeschiff. Ich erfuhr, dass das Schiff auch bis in das Gebiet der Elbmündung eingesetzt werden darf. Für den Fall, dass das Schifffahrtsamt in Cuxhaven einmal Bedarf anmelden sollte, bestünde hier also die Möglichkeit einer Leihgabe. Aber in Hamburg wird es immer viel zu tun geben, erfuhr ich, sodass alle Hafenfahrzeuge weiterhin unabkömmlich sein werden.

An einer Hallenseite stand CHRISTIAN NEHLS, mit Hölzern unterlegt und abgestützt. Der Bau war schon sehr weit fortgeschritten. Das Ruderhaus war probeweise mit dem Portalkran aufgesetzt worden.

Im Eistank der Hamburger Schiffbau-Versuchsanstalt-HSVA wurden zuvor Eis- und Strömungsverhalten durch Modellversuche ermittelt.   Foto: Frau Myland, HSVA

Das hölzerne Rumpfmodell eines der neuen Eisbrecher fährt mit eigenem Antrieb und ist mit zahlreichen Sensoren bespickt.

Das Eis wird hier in einem speziellen Verfahren erzeugt, sodass es den physikalischen Eigenschaften der Modellverkleinerung entspricht.

Das Schwesterschiff, der Ersatz für HAFENBAU 2, wird JOHANN REINKE heißen. Es befand sich in einem vergleichbaren Bauzustand wie CHRISTIAN NEHLS und stand in einem benachbarten Hallenbereich, nur 80 Meter entfernt.

Hier war das Ruderhaus noch nicht aufgesetzt und der Rumpf war noch großenteils eingerüstet. Die Buchstaben des Namens waren bereits ausgeschnitten und aufgeschweißt worden.

Übrigens setzt man im Sprachgebrauch bei Schleppern und Eisbrechern, die einen männlichen Namen tragen, keinen weiblichen Artikel vor den Namen. So habe ich es jedenfalls unter den Bootsleuten im Hafen vernommen.

Da sagt man **der** (Schlepper) JOHANN. Bei JOHANNA wäre es sicher etwas anderes.

Vom dritten Schiff war bisher der halb-
fertige Rumpf zu sehen. Dieser lag noch
kieloben auf einer Art Sockel, der dem
Rohbau einen lotrechten und sicheren
Stand verlieh.
Dies sollte der neue HUGO LENTZ werden.
Ebenfalls größer als der Vorgänger.
Während "NEHLS" und "REINKE" 18 m,
statt bisher 15,5 m lang werden sollten,
sollte HUGO LENTZ 23 m, statt bisher
18,4 m lang werden. Des weiteren sollte
auch JOHANNES DALMANN in naher
Zukunft ersetzt werden. Dieser wird 30 m
lang, statt bisher 28,25 m.
Hier, bei HUGO LENTZ, arbeiteten die
Schiffbauer zur Zeit an den Spanten und
der Außenhaut. Na ja, man sagt zwar
"Haut", tatsächlich waren es Platten, mit
einer Stärke von 13 Millimetern. Diese
wirkten sehr massiv. Eines dieser maßge-
schneiderten und vorgeformten Teile
wurde gerade mit einem Kranwagen in die
Halle gebracht. Hier galt es im Schwenk-
bereich Abstand zu halten! Denn wer so
eine "Klamotte" abbekommt, ist sofort
erledigt.

*Auf dem Hallenboden lagen bereits die
nächsten Spanten zur Montage bereit.
Die Rumpfteile werden schrittweise
angesetzt und verschweißt. Dafür sind
diverse Schablonen, Abstützungen und
Hilfsmittel nötig.
Hier ist das Mittelstück des Rumpfes für
den Eisbrecher HUGO LENTZ zu sehen.
Das Heck fehlt bisher. Es handelt sich
hier um nicht weniger, als um die Son-
deranfertigung eines Spezialfahrzeuges!*

Wo die Außenhaut noch fehlt, offenbaren die Spanten (senkrecht) und die Stringer (waagerecht) ein beeindruckendes Skelett.
Für den Kielbalken wurde besonders starkes Material eingesetzt.

Am unteren Rand der Konstruktion waren viel Zahlen mit Kreide notiert worden. Diese bezogen sich unter anderem auf die Spantnummern und die Maßhaltigkeiten.

Wie bei den anderen Eisbrechern aus dieser Fertigung, so haben auch bei HUGO LENTZ die Spanten einen extrem geringen Abstand zueinander. Im Bugbereich sind es nur 25 cm, oder fachlicher gesagt, 250 mm. Denn im Metallbau drückt man sich stets in Millimetern aus. Bei einer Plattenstärke von 13 mm entsteht hier eine Festigkeit, die selbst von der Konstruktion mancher Polareisbrecher nicht übertroffen wird. Im Bugbereich war die Außenhaut hier bereits aufgeschweißt worden. Zur weiteren Begehbarkeit wurden vorübergehend Bohlen mit entsprechenden Halterungen angebracht.

Bei der Betrachtung der Einzelheiten und Hilfsmittel wird es verständlich, dass so eine Herstellung nicht in wenigen Wochen vollzogen werden kann. Dafür schätze ich die zu erwartende Lebensdauer eines solchen Schiffes auf 200 Jahre. Denn Schiffe, die heute 100 Jahre alt und in Betrieb sind, sind (mitunter) wesentlich schwächer gebaut.

Die Konstruktion und Qualität der neuen Eisbrecher erfüllt die hohen Ansprüche der Auftraggeber.
Die Baukosten für alle drei Einheiten belaufen sich auf ca. 15,4 Mio. Euro.

Die Steuerkonsolen entsprechen den neuesten Standards. Michael und Pièrre prüfen die Handhabung aus Sicht ihrer täglichen Erfahrung.

Die Arbeitsgruppe, die sich für diesen Ortstermin zusammengefunden hatte, war bereits "an Bord"
(so kann man es wohl schon ausdrücken) und zwar auf CHRISTIAN NEHLS. Michael und Pièrre waren auch dabei. Sie sahen sich im Ruderhaus um und prüften die Plazierung der Steuerarmaturen und Schalter. Der Sitz war noch nicht installiert worden. Daher behalf man sich zunächst mit einem gewöhnlichen Stuhl. Dieser war zwar zu niedrig, aber Herr Büker, der Technische Leiter der Werft, holte schnell einpaar Bohlenstücke heran und legte diese unter. Nun passte alles. Pièrre setzte sich, während Michael als Decksmann an einem der Poller "hantierte". Die Rundumsicht schien dabei in Ordnung zu sein. Das Schiff sollte sogar eine Klimaanlage erhalten. Der Schiffskörper wirkte sehr solide. Die Schweißnähte waren gleichmäßig gut eingebunden. Es gab keine scharfen Kanten. Eine sehr gute Arbeit! Das war die einhellige Meinung.

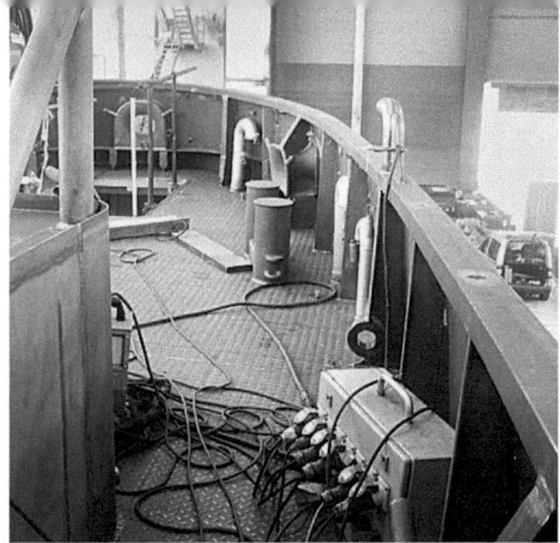

Der Backbord-Passiergang in Richtung Heck gesehen. Auffallend solide und hervorragend verarbeitet stellt sich das Schanzkleid dar. Höhe und Ausbildung entspricht den Vorgaben, wie sie für seegehende Schiffe vorgeschrieben sind.

Ein interessantes Detail ist das Ankerspill mit der offenen Ankertasche. Die Ankerkette wird durch ein Rohr in den Kettenkasten geführt.

Durch eine offene Bodenluke am Heck ist das obere Ende der Ruderwelle zu sehen. Ruderarm und Hydraulikzylinder sind noch nicht montiert.
Über die solide Ausführung staunen selbst Fachleute.

Im Vorschiff wurden Leitungen verlegt

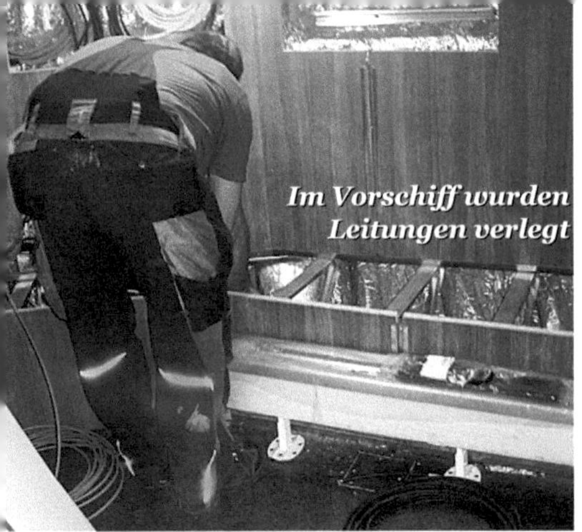

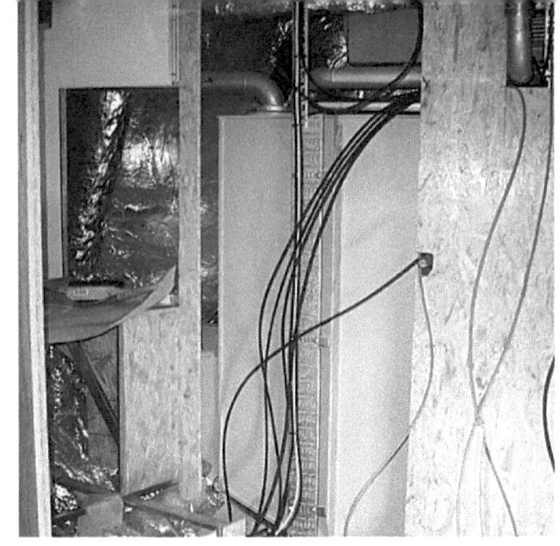

Ich stieg auch zur Kabine ins Vorschiff hinunter. Der Lukendeckel lag recht schwer in der Hand. Die Öffnung wies zum Bug. Gischt sollte jedoch durch das hohe Schanzkleid abgewiesen werden. In der Kabine waren schon einige Verkleidungsflächen zu sehen.

Entsprechend der neuen Rumpfabmessungen, war dieser Raum breiter als auf dem alten Schiff.
Allerdings wurden hier gerade Leitungen verlegt. Da wollte ich nicht im Weg stehen und stieg zu den anderen Kollegen in den Maschinenraum.

Niedergang zum Maschinenraum.

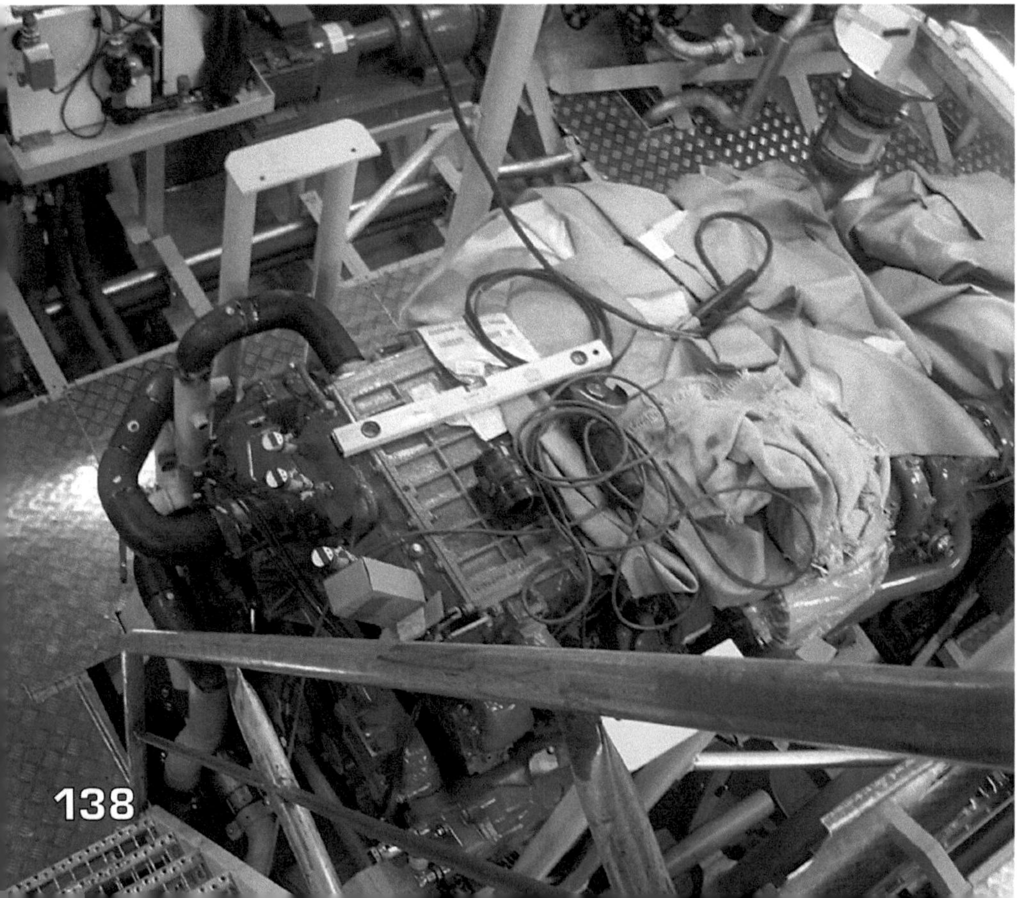

Im Maschinenraum blitzte es wie in einem Operationssaal.
Die Platzverhältnisse waren auch für mehrere Personen ausreichend.
Der Motor wirkte in seinen Abmessungen recht klein, sollte aber laut den Hersteller-angaben 588 kW, also 800 PS leisten.
Es war eine V12-Zylinder Maschine der Marke MAN. "Damit ist dieser Eisbrecher sogar übermotorisiert", sagte Herr Harms, der den HPA-Werftbetrieb in Harburg leitete. Bei Fahrtrichtungswechsel würde die Schwungmasse der Schraube von einer Bremse gehalten werden. Dadurch wird der relativ leichte Motor nicht abgewürgt.

Der Motor, ein MAN V12-Zylinder Diesel Typ D2842, leistet 800 PS bei 1800 U/min Die Maschine wirkt in ihren Abmessungen recht kompakt, wiegt aber immerhin 1790 kg. Die Wasserkühlung erfolgt über äußere Kühltaschen am Rumpf.

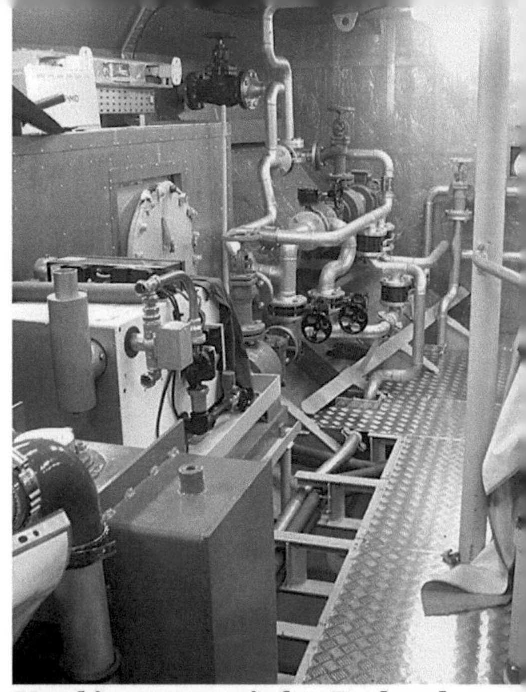

Maschinengang zwischen Tank und Motorblock

Bei der Rumpfform der neuen Eisbrecher wurde das bewährte Prinzip fortgesetzt. Dabei läuft der schräg abfallende Steven auf das Eis und drückt es herunter.

Am Heck wird das Ruderblatt (hier noch nicht eingebaut) bei Rückwärtsfahrt durch eine Eisnase (links im Bild) geschützt.

Eine Besonderheit an diesem Schiff sind die außenliegenden Kühltaschen. Das sind sehr flache, großflächige Kühlkörper, für einen direkten Außenkontakt der Motorkühlung. Dadurch erübrigt sich eine Kühlwasseraufnahme, die bei Eisgang immer wieder zu Problemen führte.

Die Kühltaschen sind auf der Außenhaut, sehr weit unterhalb der Wasserlinie angebracht, um Beschädigungen bei Eisgang auszuschließen.

Vom Boden der Halle aus gesehen, machte das Schiff einen sehr bulligen und imposanten Eindruck.

Ich hoffte auf ein weiterhin gutes Gelingen für die Leute von der Werft und wartete gespannt auf die erste Zeit, in der sich CHRISTIAN NEHLS und JOHANN REINKE im Hamburger Hafen bewähren müssten.

Das Wellenlager ist robust ausgelegt. Die kleinen, bogenförmigen Aufsätze sind ein mechanischer Schutz für die später aufgeschweißten Zinkanoden, welche wiederum dem Korrosionsschutz dienen.

Der Antriebspropeller war bereits von der Firma Piening aus Glückstadt geliefert worden und lag auf dem Hallenboden bereit zur Motage. Der Vierblatt-Propeller ist eisverstärkt und hat einen Durchmesser von ca. 1,5 Metern.

Kühlflächen sorgen für eine direkte Wärmeabgabe. Für einen Eisbrecher ist dies eine sinnvolle Alternative zur Kühlwasseraufnahme.

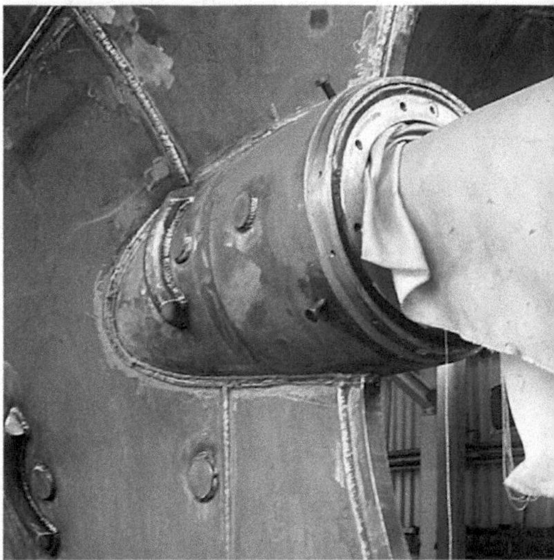

Die Neubauten gehen in Fahrt

CHRISTIAN NEHLS(2)
im Dezember 2015

Auf meinem täglichen Rundgang am Hafen sah ich einen der neuen Eisbrecher das erste Mal im Dezember 2015 am Pontonanleger der HPA-Betriebsinspektion W41 liegen. Das neue Schiff schien voll ausgerüstet und einsatzbereit zu sein.

Wie ich später erfuhr, war mit den neuen Schiffen im Dezember die Abnahmefahrt erfolgreich durchgeführt worden. Über die Feiertage sollten die Fahrzeuge noch in der Harburger Werft liegen und etwa Ende Januar getauft werden.

Im Februar 2016 wurden die neuen Schlepper und Eisbrecher bereits eingesetzt.

Die Elbe war derzeit eisfrei und die Fahrzeuge waren als Schlepper unterwegs. CHRISTIAN NEHLS und JOHANN REINKE glichen sich noch wie eineiige Zwillinge. Sie waren nur durch die Aufschrift der Namen zu unterscheiden. Aber ich denke, mit den Jahren werden sich Unterscheidungsmerkmale einstellen. HAFENBAU 2 unterschied sich von CHRISTIAN NEHLS (1) zum Beispiel durch das weiße Ruderhaus.

Auf dem linken Bild übernimmt JOHANN REINKE's Vorläufer Baumaterial von PRAHM 7 (Juni 2012).

Inzwischen verholte JOHANN REINKE den selben Werkstattprahm von der Betriebsinspektion W41 an der Überseebrücke, elbaufwärts zum Lübecker Ufer.

HAFENBAU 2 und PRAHM 7 im Juni 2012

PRAHM 7 ist eine schwimmende Werkstatt mit Kran und einer kleinen Arbeits- und Ladefläche. Der Prahm wurde 1979 gebaut. Er ist 18,00 m lang und 7,50 m breit. Der Tiefgang beträgt 1,00 m. Im Schleppbetrieb ist die Plattform für den Aufenthalt von 4 Personen zugelassen.

JOHANN REINKE schleppt PRAHM 7 zum Lübecker Ufer.

CHRISTIAN NEHLS und JOHANN REINKE
Datenübersicht

Baujahr: 2015
Werft: J. G. Hitzler, Lauenburg
Länge: 18,12 m
Breite: 6,20 m
Tiefgang maximal: 2,20 m
Durchfahrtshöhe: 3,80 m
Verdrängung: ca. 100 t

Hauptmaschine: V12-Zylinder MAN-Diesel
Typ D 2842 LE412
Leistung: 800 PS bei 1800 U/min
Pfahlzug: 7 t

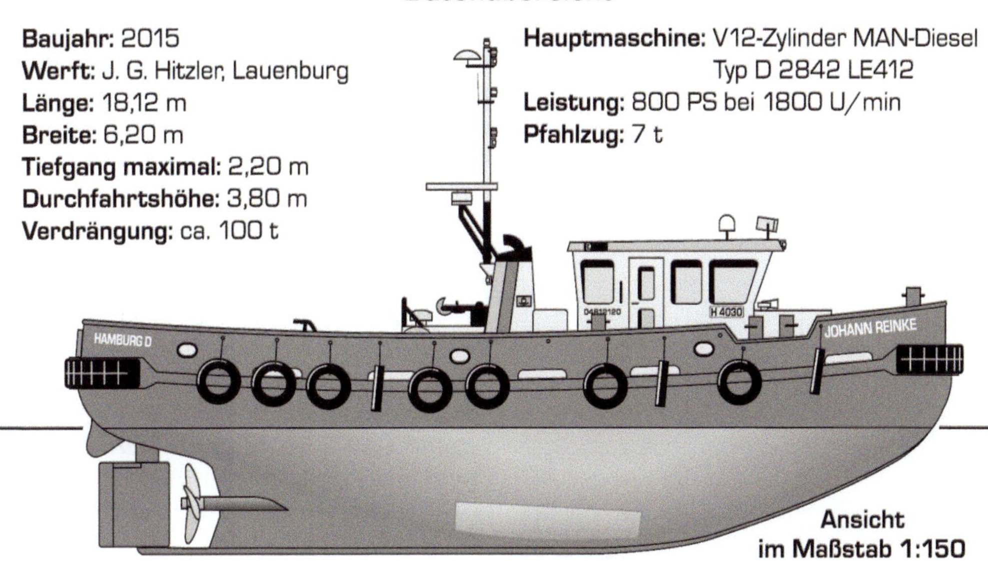

Ansicht
im Maßstab 1:150

Der Eisbrecher vermag eine feste Eisdecke
von 35 cm Dicke mit 2 kn zu durchfahren.

JOHANN REINKE in Fahrt

*CHRISTIAN NEHLS
verholt einen Greiferponton*

Nacharbeiten an CHRISTIAN NEHLS und JOHANN REINKE

Für nachträgliche Arbeiten am Heckfender kommen CHRISTIAN NEHLS und JOHANN REINKE nochmals in die Werft.

Während der ersten Betriebsmonate kam es beim Schleppen von Prähmen oder Pontons immer wieder vor, dass diese Anhänge beim Aufstoppen das Heck der neuen Schlepper mit ihrer tiefliegenden Kante, unterhalb der Fender berührten und daran schabten.

Hier musste nachgearbeitet werden. Die Heckfender sollten um eine dritte Reihe mit Gummiprofilen nach unten erweitert werden. Dazu musste zunächst JOHANN REINKE wieder in die Werft. Die große Halle der Hitzler Werft hat natürlich einen direkten Zugang zum Wasser. Für eine Schiffbauhalle ist dies selbstverständlich. Das große Tor wurde geöffnet und JOHANN REINKE fuhr direkt in die Halle ein. Das Becken reichte etwa in das erste Viertel der Hallenanlage und bot ausreichend Platz.

Hier lag sogar schon der neue HUGO LENTZ im Wasser.

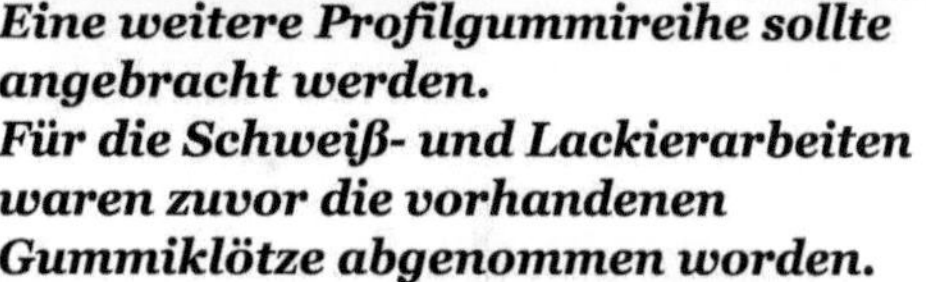

Für die Arbeiten am Heckfender war es nicht notwendig, das Schiff vollständig aus dem Wasser zu heben. Es wurde nur hinten per Hallenkran etwas angehoben und mit der Eisnase auf den Beckenrand gestellt. Das Vorschiff sank dabei etwas ein.
Der Kran hielt das Schiff weiterhin, sodass es nicht abrutschen konnte. So kamen die Arbeiter vom Beckenrand gut an das Heck heran. Eine weitere Profilgummireihe konnte nun angebracht werden.

Eine weitere Profilgummireihe sollte angebracht werden.
Für die Schweiß- und Lackierarbeiten waren zuvor die vorhandenen Gummiklötze abgenommen worden.

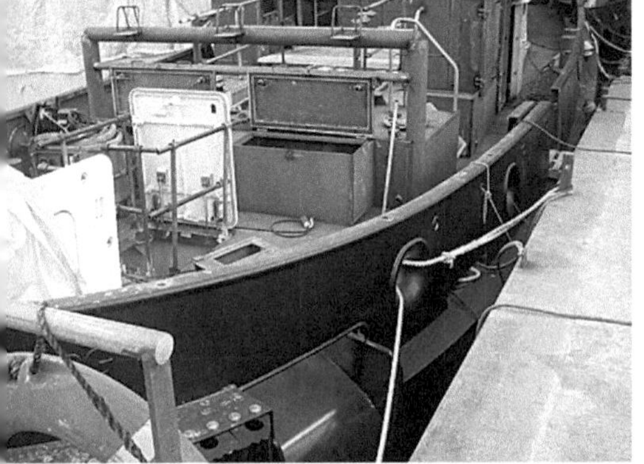

Gleich nebenan lag der Neubau HUGO LENTZ. Der Eisbrecher befand sich in der Ausrüstungsphase. Die Hauptmaschine war bereits eingebaut worden

Wie schon erwähnt, lag der neue Eisbrecher HUGO LENTZ hier ebenfalls im Becken der Halle.

Dieser Neubau war 23 m lang und befand sich derzeit in der Ausrüstungsphase. Das Ruderhaus war noch nicht aufgesetzt worden. Der Motor stand jedoch schon auf seinem Fundament im Maschinenraum. Es war ein 6-Zylinder Reihenmotor der Anglo Belgian Corporation (ABC), eine stattlich wirkende Maschine mit 1450 PS. Zum Vergleich: Der alte HUGO LENTZ, der sich in seiner Leistungfähigkeit gut bewährt hatte, war 18,39 m lang und verfügte über eine Maschinenleistung von 430 PS. In der weiteren Ausstattung viel mir eine seitliche Ankertasche im Heckbereich auf. Weiter vorn waren seitlich im Schanzkleid Rollen zu sehen. Hier sollen offensichtlich Drähte geführt und umgelenkt werden, mit denen Schiff und Schute zu einem festen Verband gekoppelt werden können.

Die Fertigstellung für HUGO LENTZ war für August vorgesehen.

Heute hatten wir den 18. April 2016.

Nebenan, außerhalb des Beckens, stand bereits des Rumpf von JOHANNES DALMANN, dem derzeit größten Eisbrecherneubau für die HPA. Das Schiff sollte 30 m lang werden. Beim Vorgänger waren es 28,80 m. Am anderen Ende der Halle wurden die Aufbauten hergestellt.
Die Fertigstellung von JOHANNES DALMANN war für November geplant. Zwischen den Bauplätzen standen derzeit viele Sportboote. Die Saison begann und die Freizeitskipper nutzten diesen geschützten Ort, um Farbanstriche oder Beschläge an Deck zu erneuern.
Das Besondere an diesem Tag war, dass drei Eisbrecher direkt beieinander in dieser Halle lagen.

Im mittleren Teil der riesigen Halle wurden etliche Sportboote überholt.

Neben dem Becken, an der wasserseitigen Einfahrt, befand sich JOHANNES DALMANN in Bau.
Im Becken lagen JOHANN REINKE und HUGO LENTZ. (rechts im Bild)

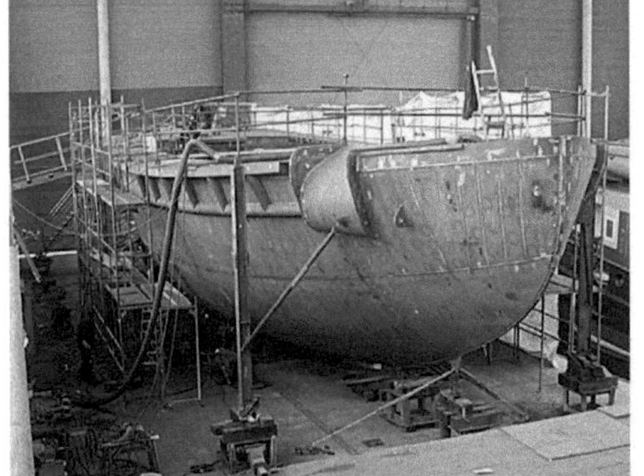

Neue Farben für die HPA

Der neue Farbanstrich wird nach und nach an allen Fahrzeugen vollzogen.
Aus Strom- und Hafenbau-Orange wird HPA-Blau. Am Eisbrecher OTTO STOCKHAUSEN geschieht dies etappenweise.

Das frühere Amt für Strom- und Hafenbau war Teil der Hamburger Wirtschaftsbehörde und wurde 2005 zu einer Anstalt des öffentlichen Rechts, der Hamburg Port Authority umstrukturiert.

Dies sollte auch im äußeren Erscheinungsbild der Fahrzeuge sichtbar werden.

Nach und nach sollte also auch der orange/braune Anstrich der übrigen Schiffe mit blauer und hellgelber Farbe überstrichen werden. Das geht natürlich nicht von heute auf morgen. Wir werden sehen, ob auch die Schuten blau und die Prähme hellgelb aussehen werden.

Der Hafenschlick wird sicherlich derselbe bleiben und muss weiterhin gebaggert werden, wie auch die Bauten, Befestigungen und Fahrwasserzeichen weiterhin von erfahrenen und ortskundigen Fachleuten instandgehalten werden müssen.

Wie sich die neuen Schiffe in der Zukunft bewähren werden, wird uns vielleicht die nächste Generation der Bootsleute erzählen.

Schleppbarkasse BILLWERDER im neuen Farbkleid der HPA

NAME .... SEITE

ÜBERSICHT

Hafenschlepper ESCORT

Modellbaupläne
bei Konrad Algermissen erhältlich:

Die Pläne sind sowohl für die Spantenbauweise
als auch für die Schichtbauweise angelegt.
Die Spanten sind einzeln vorgezeichnet.
Eine **Begleitinformation**
mit 14 Abbildungen
ist mit dabei.

Ein Stück Hamburg
der 80'er Jahre

Maßstab / Länge / Gewicht	Preis / Euro
1:50 / 46,8 cm / 1,5 kg ... 5 Bögen A2	**28,-**
1:33 / 70,2 cm / 5,2 kg ... 5 Bögen A1	**35,-**
1:25 / 93,5 cm / 12,3 kg . 5 Bögen A0	**49,-**

Im Buchhandel erhältlich:

Schlepper
FAIRPLAY I

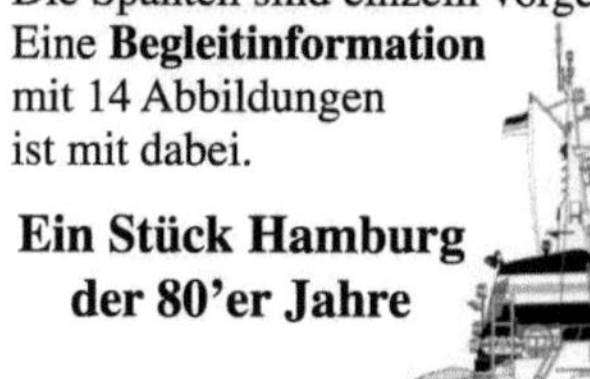

Inhalt:

Am 26. September 2007
wurde der neue
ASD-Schottelschlepper
FAIRPLAY I in Hamburg
getauft und stärkster Schlepper im Hamburger Hafen.
Hautnah wird der Einsatz am Containerterminal
erlebt, bei dem das neue Schiff seine Leistungsfähig-
keit demonstriert. Anschließend wird der Schlepper
in allen Details als Modell nachgebaut.
Mit über 270 Abbildungen gibt dieses Buch einen
unterhaltsamen und informativen Einblick, sowohl
in die Schleppschifffahrt, als auch in den
Schiffsmodellbau.

21 x 29,7 cm,
68 Seiten, Paperback
ISBN:
978-3-8423-7325-9
36,- Euro

Mit Modellbauplan
im Maßstab 1:100

Modellbaupläne
bei Konrad Algermissen erhältlich:

Maßstab / Länge / Gewicht	Preis / Euro
1:50 / 50 cm / 5 kg ..... 7 Bögen A2/A3 ..	**32,-**
1:33 / 75 cm / 17 kg ... 7 Bögen A1/A2 ..	**39,-**
1:25 / 100 cm / 40 kg . 7 Bögen A0/A1 ..	**56,-**

Seeschlepper FAIRPLAY X

Modellbaupläne
bei Konrad Algermissen erhältlich:

Die Pläne sind nach Werftunterlagen erstellt
und sowohl für die Spantenbauweise als auch
für die Schichtbauweise angelegt.
Die Spanten sind einzeln vorgezeichnet.
Ein **Begleitheft** mit 33 Abbildungen vom Vorbild
und Modell, sowie einer ausführlichen
Beschreibung mit Baureport ist mit dabei.

Klassiker
zwei Farbvarianten

Maßstab / Länge / Gewicht	Preis / Euro
1:100 / 34,5 cm / 600 g . 5 Bögen A3/A4 .	**32,-**
1:50 / 69 cm / 4,7 kg ..... 5 Bögen A1/A2 .	**42,-**
1:33 / 103,5 cm / 16 kg . 5 Bögen A0/A1 .	**55,-**
1:25 / 138 cm / 37,6 kg . 6 B.160 x 84 cm .	**98,-**

Festmacherboot
MOORING-TUG I

Modellbaupläne
bei Konrad Algermissen erhältlich:

Die Pläne sind nach Werftunterlagen erstellt und
für die Spantenbauweise angelegt (Knickspantform)
Die Spanten sind einzeln vorgezeichnet.
Eine **Begleitinformation** mit 35 Abbildungen
vom Vorbild und Modell, sowie eine ausführliche
Beschreibung mit Baureport liegt bei.

robustes Arbeitsboot
mit Schleppeinrichtung

-ideal für Einsteiger-

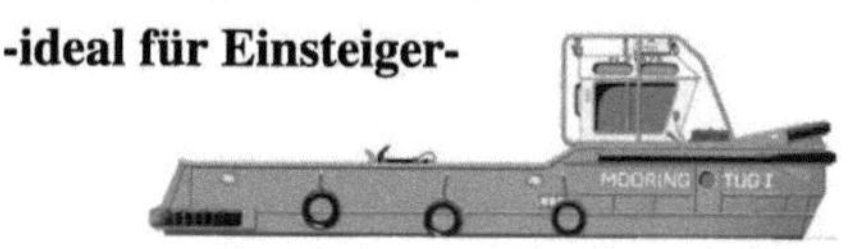

Maßstab / Länge / Gewicht	Preis / Euro
1:50 / 22,2 cm / 240 g .... 2 Bögen A3 .	**20,-**
1:33 / 33,3 cm / 800 g .... 2 Bögen A2 .	**24,-**
1:25 / 44,4 cm / 1,9 kg .... 2 Bögen A1 .	**28,-**
1:20 / 55,5 cm / 3,7 kg . 2 B.114 x 60 cm .	**32,-**
1:15 / 74 cm / 8,8 kg .... 5 Bögen A1/A2 .	**38,-**
1:10 / 111 cm / 29,7 kg . 5 Bögen A0/A1 .	**50,-**